マイナスから始める医学・生物統計

p値依存症のアナタに捧ぐ

大橋 渉 ● 著

中山書店

はじめに
p 値依存症のアナタに捧ぐ

❖ 日常的光景とは？

　表紙のような光景は，実は現場では頻繁に発生しているかもしれない．少なくとも筆者の知る現場では，よくみかけた光景である——
「明日は○○学会の抄録の締切日です．このデータで何かをいえませんか？」
「1か月後までに，とにかくどこかの英語論文で accept をもらわないと卒業できません．このデータで有意差を出してくれませんか？」
「卒論の締め切りが1週間後です．このデータで何かいってくれませんか？」
(and so on…)
——少々たとえは悪いが，これではまるで救急病棟に「緊急です」と担ぎ込まれてきたものの，すでにどうにも手の施しようがない状態であった…といわざるを得ない．筆者としてはどうにも手の施しようがない(その理由は色々とあるので本編にて)ことを告げつつ，処置(?)をお断りすると——
「これだけのデータがあるのにどうして解析できないのだ！」
——などと怒鳴られたりもしたものである．まあ，確かに統計的検定などは数値と群の層別変数があれば成立するが，求められた p 値が説得力をもつかどうかは定かではない．それでも，ほとんどの人々には処置不能である理由を説明することでご理解いただけるが，なかにはご理解いただけない人々も存在する．とりわけ，サンプル数が多かったりすると「解析不能」であることを告げたときに——
「これだけのデータがあれば十分だろう！」
——と，どうしても納得していただけない場合が多い傾向がある．これは，**サンプル数は多ければ多いほどよい**という，**ありがちな勘違い**によるものである．
　これらの例にかぎらず，実は統計学を学んでいる(いない人も含め)人々のな

iii

かには，さまざまな勘違いが散見される．表紙の冷や汗をかいている医師の頭上の正規分布の式は…よくみると記憶が曖昧だったりする．こちらの正規分布などは，ほかの多くの公式と同様——

「何となく頭にはあるけれども，実は正確に覚えていない」

「何に用いてよいかわからない」

——ものの代表であろう．

あくまで筆者の意見だが，理論や公式は知っているに越したことはないが，すべてを完璧に知らなくとも医学研究や統計処理は行えると考えている．少なくとも，**ソフトウェアの力を借りながら統計処理を進めていくうえで最低限の知識があれば**問題はないだろう．ソフトウェアに対し何を命令しているかさえも理解せずに用いているのは論外であるが，少なくとも，線形代数や数理統計学から完璧に理解している必要まではないということである．

ただし，知らない部分や記憶が定かではない部分に関しては，その都度放置せずに確認することは必要である．

❖ 知識と意識のマイナス

筆者の講義には，自称知識ゼロの受講生が多い．もちろん多分に謙遜も入っているのだろうが，統計学において知識がゼロの人という人は，少なくとも筆者はみたことがない．理由は…**少なくとも，相加平均（普通の平均値）の出し方を知らない人をみたことがない**からである．平均値の求め方は立派な統計学であり，これを知っているということは少なくとも知識がゼロではない．自他ともに認める数学アレルギーかつ数学大嫌いな筆者の強妻（？）でさえも，平均値の求め方は知っている．しかしながら，知識がマイナスの人はどれほどみてきたかわからない．たとえば，医学分野ではおなじみの p 値に関しては「$p < 0.05$ **だから差がある**」と言い切っている人々などは，知識マイナスの典型例であろう．上述のサンプル数の問題や95％信頼区間の考え方，さらには5段階の順序カテゴリーデータに対する平均値や標準偏差など，知識マイナスの事例は数知れない．筆者も多くのマイナス知識を抱えてスタート

し，現在でも，もしかしたらマイナスを抱えている…かもしれない？ 実は，知識マイナスの状態は，筆者も含めすべての学習者が通り抜けるべき道ではないだろうか？

> **95%信頼区間とは**
> たとえば，得られた値が P であった場合に，95%信頼区間は──
> $$P - 1.96\sqrt{\frac{P(1-P)}{n}} \sim P + 1.96\sqrt{\frac{P(1-P)}{n}}$$
> ──で示される．n はサンプル数であり，n が大きいほど 95%信頼区間は狭くなる（＝推定の精度がよくなる）．
> なお，95%の確率で真の値がこの区間に含まれるのではなく，**100回測定（実験）を行ったら，95回はこの区間に真の値を含むと考えられる区間**という意味である．

また統計学は，医療系の大学では必修科目として君臨し，その他学部でも「企業が学生に学んできてほしい科目 No.1」として，**社会的にはそれなりの存在感を示している．**さらには経済学，社会学，商学，教育学，心理学…文学とあらゆる分野において統計学が英語と同じぐらいに共通言語として君臨しており，これを知っていることで就職や転職などに有利になることもある…と，大々的に報じられていたりもする．

ところが統計学は，英語と比較するのがバカらしくなるほど**初等・中等教育（高等学校課程まで）においてはほとんど相手にされていない分野である．**大学入試では出題されず，教科書の最終章に追いやられた挙句，「選択科目なので学びません」と，全国の高等学校から「存在しているが認められないもの」「教科書のオマケ」とみなされている始末である．統計に通じる確率分野もまた，高校1年生の3学期に「時間切れ」や，挙句には1学期の段階で「確率は授業でやりません！」と宣言されている例もあるほどである．しかし，進学した途端に「必修です」「知らなければ論文が書けません」，就職した途端に

「大学時代に学んできてほしかった」…なんていわれても…？　いずれにしても，統計学を学ぼうとする人々のなかには，少なからず初等・中等教育段階までのマイナスイメージが残っていたりする．指導者としては，まずはマイナスイメージの払拭から始めなければならないという点を，特に初心者向けの指導者ほど自覚する必要があると認識させられたものである．

❖ 検定で挫折してしまう初心者

　筆者が講師を勤めている，初心者向けの医学・生物統計の講義の出席者に尋ねたところ，統計に関する書籍を購入した経験がない人は皆無であった．まあ，有料の講義に出席するような勉強熱心な人々なのだから，書籍の購入経験があるのは頷けるが，なぜか「すべて読破した」人もまた皆無であった．しかも，ほとんどの皆様が「χ^2検定」「t検定」と，比較的前半の項目で挫折しているのである．その原因の詳細は本編を参照いただくとして，確かに統計的検定における「予定調和」的考え方は，我々が習ってきた数学にはそぐわない考え方であろう．そもそも，我々が小学校〜高等学校における算数・数学教育で「是」とされてきたものは，確実に存在する回答を素早く求めるための知識であり，明らかに予定調和とは一線を画すものである．それら統計学の「不確実さ」を理解するためには，学習者にも意識のパラダイムシフトが求められる部分である．

　いずれにしても検定で挫折する人が多く（しかも比較的前半？），検定統計量の考え方や公式よりも，実は**「予定調和的な検定の考え方」こそが，挫折の最大の原因ではないか**…というのが，筆者なりの推測である．

❖ 本書の目指すところ

　本書は，市場にありがちな「ゼロからのHow to本」ではない．趣旨や目的が異なるため，いわゆる多重比較や回帰分析，生存時間解析などの話題はほとんど掲載していない．仮にそれらの知識が必要であるという皆様は，すでに本書

の読者対象とする人々ではない．ぜひとも，市場にたくさん存在する良書を手に取って学習していただければと思う次第である．その代わりに，医学・生物統計学以外の皆様にも楽しく読める内容になっているので，特に「統計的検定」の考え方に挫折してしまった皆様にはおすすめしたい．

では何か…といえば，一気飲みならぬ**一気読み**ができる本を目指している．まずは，あらゆる意味の**パラダイムシフト**の必要性を理解していただき，手に取ったら一気に読めてしまうような，もっと欲をいえば，一気に読み終えてしまいたくなるような書籍を目指して書こうと思う．そこで本書は——

> ❶ 統計学の存在感と重要性を認識していただく
> ❷ 統計的検定の原理（予定調和の意味）を理解していただく
> ❸ そのうえで，検定よりも大切なモノを理解していただく

——以上の3点を目的としている．さらには，市場にたくさんある良書を読めるだけの知識，読みたくなるような意欲を注入できれば筆者冥利に尽きるというものである．

学会で発表や講演を聞き，「今度こそやるぞ！」と統計の本を買い求めたが，帰りの新幹線で1章を読まないうちに寝込んでしまい，いつのまにか本棚に消えてしまった…そのような経験の持ち主の方にこそ，本書を手に取っていただきたい．

もちろん，こちらの"はじめに"は，本編を書き始める前に書いていることはいうまでもない．**本編をすべて書き終わった後で，後付け的に"はじめに"を書くようなマネはしていないので…．**

（この一言については，本書を読み終わった段階できっと笑えるようになっているだろう！）

大橋　渉

目 次

第1章 統計学あれこれ
1. 確率・統計の存在感 …………………………………… 2
2. 統計学は難しい？ ……………………………………… 16

第2章 データをどう扱う？
1. データ四方山話 ………………………………………… 26
2. データの種類と処理方法 ……………………………… 34

第3章 統計的推定・検定とは？
1. p 値と検定 ……………………………………………… 48
2. 依存症と戦う？ ………………………………………… 67

第4章 分布と検定
1. それでも理論は無視できない！ ……………………… 74
2. 分布と検定 ……………………………………………… 78

第5章 医学研究のデザインとは？
1. 医学・生物統計学とは ………………………………… 114
2. バイアスだらけ？ ……………………………………… 123
3. 研究デザインの重要性 ………………………………… 132

第 1 章

統計学あれこれ

❶ 確率・統計の存在感
  学校と社会の扱い

❷ 統計学は難しい？
  難しくみえる人，みせる人？

第1章 統計学あれこれ

1 確率・統計の存在感
学校と社会の扱い

　本書は統計の読み物（としたつもり？）であるが，初等・中等教育（高等学校まで）においては，確率・統計という分野で構成される．さらには統計的推測をはじめとした統計学には確率がつき物である点を考慮して，まずは確率の教育的側面（？）から始めよう．

　別に統計をやるためには確率なんて不要ではないか…などと堂々と話す人々もいるようであるが，実は確率と統計は表裏一体．確率の知識なくして統計は語れない．確率と聞いて，野球の打率やパチンコなどギャンブルの大当たり確率ぐらいしか思い浮かばない方もいらっしゃるかもしれないが，実はそれ以上に皆様にとっておなじみのものがある．医学・生物統計学には必ずついて回り，皆様が頭を悩ませ，なぜかこれがないと不安だという人がやたら多い，「p値」である．統計処理を行う皆様のほぼ全員が「p値」「ピーチ」と連呼しているものの，実はp値とは何かの確率であるということを，知らずに用いている人もいたりする．p値のpは probability（確率）のpだということも，知らないけれど用いている人は意外と多かったりするのである．**このp値が大活躍する，推測統計学（→ p.124）の世界は，確率的理論の上に成り立っていることを忘れてはならない．**

　というわけで，まずは統計と同じフィールドで語られる，確率の取り扱いについてのお話である！

❖ 高等学校における存在感

　2006年，一部の高等学校においてトンデモナイ事態が発生した．本来必修として学ぶべき世界史の時間を，学校や教師の判断により勝手に数学に振り替えていたことがバレてしまい，文部科学省より大目玉を食らってしまったのであった．その数は実に46都道府県，800万人にもなったと推計されているが，

似たような話は1980年代から報告されているため，実際にはもっと存在するのは間違いない．学校としては，たとえ必修科目であっても入試には関係のない世界史の時間を流用して，数学の受験対策のための学習時間を確保したかったということらしい．結果的に世界史の補習を一定時間以上行うことやレポートを義務づけられる形にはなったものの，まともに学習指導要領に従ってきた学校の関係者からは「受験偏重だ！」「不公平だ！」と批判を受けたのであった．さらに歴史学者や全国の歴史の先生方は大変ご立腹であり，「明らかな軽視だ！」「歴史をバカにしている！」などとモノ申したのである．ニュース番組のなかでは教師をはじめとした歴史の関係者が，「高校生が歴史を軽視するようにならないか心配である」と，神妙な面持ちで語っていたのを記憶している．

たとえば，筆者は高等学校時代に，化学の授業において教科書の最後にある「高分子化学」を教えてもらえなかった．当時の教師いわく，単に「やりません」という物言いだったが，やたらと自習が多すぎて学年末に時間が不足してしまったということは誰の目にも明らかであった．この教師は決して高分子化学を軽視していたわけではなく，あくまで授業計画のまずさにより時間が不足したというだけであろう．（好意的にみれば）時間さえあればやりたかったに違いないのであり，意図的に指導計画から除外したわけではない．現在であれば「指導能力に欠ける」というような評価をされてしまうかもしれないが，少なくとも今回の世界史の場合のような大目玉は食らわないだろう．実際に筆者もそうであったが，生徒の誰かが高分子化学を軽視したという話などは当時から聞いたことがない．

このように，世界史の時間を意図的に数学に振り替えてしまった場合には，バレてしまったときに大目玉となってしまうのであるが，**ならば確率の時間を方程式やベクトル，微分・積分などに振り替えてしまった場合はどうなのだろうか？** つまり，同じ数学の時間内で一部単元が食われてしまった場合には大目玉とはならないのだろうか？ たとえば筆者も所属する統計学会の，統計教育分科会の人々は初等・中等教育段階における確率・統計の軽視を嘆き，その重要性を訴え続けているが，それは同時に，そうしなければならない状況にあるということにほかならない．先の歴史関係者の言葉を借

りるならば,「生徒が確率を軽視するようにならないか心配である」ということである.

実際に確率軽視の実態をおみせしよう. 表 1-1 は筆者が勤務先の医学部の新入生に対し実施したアンケート結果を一部抜粋したものである. 通常, 普通高校の 1 年生にとってはほぼ必修科目である,「数学 A」に当てられた確率分野の学校時代の扱いに関するものは, どうもネガティブなものばかりであった. 数学 A 最後の単元で, 先の高分子化学と同じような位置づけにあるということも手伝ってか, 時間切れによる履修漏れが 38％ にもなったのである. 半数以上の生徒が耳にした「重要でない」という発言に関しては,「あくまで入試において」という前提があったものと好意的に解釈することにしても, 実際に統計はともかく, 確率は大学入試においては, 二次試験でも私立大学の入試でも出題されている. 早い話が, 表 1-1 の 23.7％ の生徒に対し数学教師は,「確率は捨てなさい」「入試で必要な人は塾か予備校で教えてもらいなさい」ということなのだろうか? 統計が軽視される理由として「入試に出題されない」は容易に推測できるが, こうして確率も軽視されている現状を考えた場合, 必ずしも入試だけが原因ではないように思える.

表 1-1　数学 A における確率の扱いはどうだったか(新入生 120 人に複数回答)

回答の内容	回答数	％
教師が確率は重要ではないといった	68	56.6
センター入試で確率を選択するなといわれた	20	16.7
時間切れで確率を一部, もしくは全部履修しなかった	46	38.2
重要でないという理由で確率の授業がなかった	28	23.7

先日, 統計教育分科会のシンポジウムで知り合ったニュージーランドの教員いわく,「常にカリキュラム委員によるチェックが厳しい. もしもニュージーランドで勝手なカリキュラム変更などをしたら教師のクビが飛ぶ」と話していた. もしもニュージーランドと同じ扱いだったら, 日本ではどれほどの数学教師のクビが飛ぶだろう? もっとも, 監視機能があれば勝手な変更はしないだ

ろうが….

❖ マイナスイメージの構築

　以上，一応数学Ａの履修時には必修とされている確率分野でさえも，高等学校における扱いは以上の通りである．で，必修科目ではない統計の扱いはといえば，まあ話題にさえ出てくることもないが…推して知るべしであろう．数学Ｂにおける「統計とコンピュータ」，数学Ｃにおける「確率分布」「統計的推測」などの統計分野は選択されることもなく，なぜか教科書の最後に掲載だけはされているのである．まずは「履修しなくてもいい分野」として，数学Ｂの教科書を受け取った後１年間も君臨し，さらには数学Ｃにおけるもう１年の君臨で，「履修しなくてもいい分野」としてトドメを刺されてしまう．もしも興味をもった高校生からの問い合わせに対し，教師は「これは学校が決定する選択科目だから，うちの学校では選択していない科目なのです」と説明してくれればまだいいが，もしも「やらなくていい」「入試に出ない」という程度の回答に終始しているとすれば…高校生の皆様が「やらなくてもいいもの」と受け止めるのも至極当然である．入試が終わって医学部に入学しました，一般教養で統計学がありました，いきなり医学研究では重要ですといわれました，では統計学の重要性を示せないだろう――

　「高校時代にやらなくていいっていわれたのに，今頃重要って何？」

　――まあ，そう思われても仕方がない．いらないといわれてきたのに，いまさら大事といわれて，しかも必修だなんて，これをやらないと卒業できないなんてと思った学生もいるのではないだろうか？

　どうやら高等学校においては，統計は選択科目として存在感ナシ，必修の確率でさえも軽視といった状況はご理解いただけたかと思う．だが，確率も統計も，多くの高等学校が世界史の時間を食ってまで増やしたがった数学の一部なのである．それでも学ばれない，存在感がないということは，高等学校関係者が学ぶことのメリットを感じていないということにほかならない．実際に

2011年度の国公立の2次試験，および私立の医学部において，統計はごく一部の学校で選択問題の一部になっているだけであり，必修としているところは1か所もない．早い話が統計は知らなくとも入試にはまったく影響しない．ならば貴重な時間を費やす必要はないと，これまた学ばれないのは至極当然なのである．高等学校としては，「統計が必要な人は，大学に入ってからじっくりと学んでください」といいたいところなのだろうが，ならば入学後にじっくりと学びたくなるような形で，高校生の皆様に接しているのであろうか？　入試において重要でないという理由だけで，いかにも社会において必要のないものであるかのように位置づけてしまいかねないような指導（？）の果てに「後は大学で」というのでは，あまりにも無責任であろう．せめて教師には——

「入試には直接関係がないので今は時間を掛けられませんが，大学に進学した後や社会では必ず研究や仕事で必要になります」

——程度のことはいってほしい．いや，いえるようになってほしいものである．

　音楽グループにおいて，ボーカルでない，さらに作詞・作曲や楽器も担当しないメンバーが「必要ない」などと揶揄されることがある．実際にある音楽グループのコンサートで，普段から揶揄されていたメンバーが病欠したことがあった．それでもコンサートが予定通りに行われたことにより，以前にも増して揶揄されることになったメンバーは，厳しい現実を知り自ら脱退したらしい．存在していることで人目にはさらされるものの，相手にされることはない…高等学校における統計は，現状ではまさしく脱退したメンバーそのものである．ならば最初から負のイメージを与えないためにも，現状のままの扱いであるならば，いっそのこと高等学校の教科書から「脱退」させるほうがよいのではないだろうかと考えてしまうのは筆者だけか？　もっと活躍の場を与えられるのであれば別であるが….

❖ カンバンに偽りあり！

　一方，受け入れ側の大学では「医学統計学」「生物統計学」「保健統計学」など

ある大学院・統計学のキケンな授業？

シラバス記載
1. 統計学の基礎
2. データのまとめ方
3. 医学研究のデザイン
4. 検定の考え方1
5. 検定の考え方2
6. 回帰と相関
7. 生存時間解析（Cox 他）
8. コンピュータ実習（SAS）

（これらはどこへ行った？）

実際の授業
1. 統計学の基礎（平均）
2. 統計学の基礎（高校範囲）
3. 統計学の基礎2（高校範囲）続き
4. データのまとめ方
   （カテゴリーデータの平均値を求める）
   医学研究のデザイン（当然削除）
5. 検定の考え方1（t 検定と雑談）
6. 検定の考え方2（x^2 検定他）
   検定の考え方3（削除）
   回帰と関数（削除）
   生存時間解析（もちろん削除）
7. 休講
8. コンピュータ実習（Excel）

図1-1 これもまた日常的光景？

と立派な看板を掲げているが，実際には「平均値とは何か」「標準偏差の意味」などの説明から始めなければならない．正確には「高等学校段階の統計の基礎」に，多くの時間を費やしてしまっているため，**最も重要な研究デザインの話や，医学・生物統計に特有の手法などを教える時間を捻出することはまず不可能である．**加えて，「教科書の最後に掲載されていたオマケ程度の分野」に対するモチベーションは低く，講義の進行も決してスムーズとは行かない．時に学科によっては，数学を学ばないまま（たとえば面接と小論文だけなど）入試を通ってくる学生もいるため，そのような場合は医学や生物，保健とは関係のない「数学の基礎」だけで終わってしまうこともある．基本部分に時間を費やせば，高等学校の確率と同様，ここでも最終的には時間切れを引き起こしてしまう．とはいえ，統計の基礎はおろか，まともに数学さえ学習していない学生に医学統計の講義を行うのも厳しいものがあり，やはり基礎は無視できないという側面もある．かぎられた時間内にシラバス通りの講義を実施できているという事例はほぼ皆無であり，大学（時に大学院）における医学統計の講義は，その内容の半分以上は高等学校の学習範囲だったりする（図1-1）．学生用のシラバス（講義内容を記したもの）には「Coxの比例ハザードモデル」

「医学研究のためのデザイン」などと記載があるのかもしれないが，そこまでたどり着くことは困難極まりないのである．それこそすべての項目をダイジェストとして，表層的な話だけでお茶を濁すのであれば不可能ではないかもしれないが…キッチリ理解してもらおうと思ったらそれこそ時間が足りない．一部の理工系大学などでは，高等学校の物理や化学について補習を行うことで対応しているなどという話もあるが，医療系学部ではあまり聞いたことがない．そもそも，医学研究における統計学は非常に重要な科目であることは誰しもが認めるところなのだから，本来ならば正規のカリキュラムにそれ相応の時間数を確保する必要があるのだが…？　加えて，時間が経過すればするほど，特に医学部では高等学校範囲の統計の基礎などをやっている時間はなくなってしまうから，**入学直後から 2 学年ぐらいまでに済ませる必要がある(それ以外の理由もあるにはあるが…→ p.18)**．

　コレは余談として．実は，「Cox の比例ハザードモデルなんて知らない」自称統計家の先生（？）もいたりするので，この場合「統計の基礎で時間切れ」は確信犯だったりもする．筆者が実際に学会で出会った某私立大学の先生（？）いわく――

「もしも学生に高等学校で統計を学んで来られたら，今の自分の仕事はなくなってしまう…」

　――と，本気で心配しておられた．こういう話を聞いてしまうと――

「医学論文を投稿して，reviewer から統計手法の見直しを求められても，学内に相談できる相手がいない」

　――という臨床研究者の話も，決して冗談ではないこともわかっていただけると思う．χ^2 検定や t 検定，せいぜい Mann-Whitney の U 検定ぐらいしか指導を受けたことがないという学生の皆様は要注意かも…？

　もしも，あなたの大学の統計の授業が…クリックだけでできるソフトウェアをカチカチやるだけで――

「ココを押してココ(ほぼ p 値)をみるように！」

　――という指導（？）に終始しているようであれば，完璧（？）です！

　2012 年度より実施される学習指導要領では，高等学校の数学で統計が必修

> **相関とは？**
> 2変数間(x, y)の関連の強さを示す指標で――
>
> $$r = \frac{\Sigma (x_i - \bar{x})(y_i - \bar{y})}{\sqrt{\Sigma (x_i - \bar{x})^2 (y_i - \bar{y})^2}}$$
>
> $x_i : x$の各値
> $y_i : y$の各値
> $\bar{x} : x$の平均値
> $\bar{y} : y$の平均値
>
> ――で示される．$-1 \leqq r \leqq 1$ となり，-1もしくは1に近いほど，「相関が強い」ということになる．
>
> 　-1に近い：負の相関が強い
> 　　1に近い：正の相関が強い
>
> なお，いくつ以上(以下)で強い，弱いなどといった厳密な基準は存在しない．

になった．「データの分析」なるタイトルで，データの散らばりや相関を学習することになるらしい．統計の重要性を少しは理解していただけたものと，統計の関係者は「少しだけ」喜んでいるが，筆者としては，また方程式に振り替えられないことを願うのみである．また，相関係数を求めることだけにとらわれて，「相関関係あり＝因果関係あり」のような現象が発生しないこともひたすら祈念したい．加えて，学年末で時間切れにならないこともお祈り（？）しておきたい…．3〜4年後の新入生は「高等学校で統計を学んでくる」ということで，大学における授業も変化する…はず？

❖ 社会における存在感

　少々古いデータになるが，表1-2 は『企業から見た数学教育の需要度』(武田和昭，日本数学教育学会論文誌，1995)の結果の一部である．東証1部，2部

表1-2 企業が考える「大学で学んできてほしい数学分野」とは？

数学分野	文系(%)	理系(%)
統計学	72.2	77.8
プログラミング	49.4	77.2
何でもよい	32.3	0.0
微分積分	23.2	44.5
計画数学	22.1	36.2
線形代数	16.7	33.7
その他	4.6	2.6

（企業から見た数学教育の需要度．武田和昭，日本数学教育学会論文誌，1995；2：81-94）

　上場企業の1,635社を対象としたものであり，日本で俗にいうところの「いい会社」の数学に対する意識を調べたものである．実は民間企業からは統計学のニーズが最も高く，微分・積分や線形代数の割合を大きく上回っている点は注目に値する．これは民間企業の意識ゆえ，皆様がかかわっている医療系分野の話ではないというかもしれない．しかしながら，医療職とは比較にならないほど大勢の皆様が勤めるであろう，通称「民間企業」におけるニーズであるがゆえ，筆者としては，これこそが社会における統計学のニーズの高さを示すデータであると考える．統計学も英語と同様に，文系・理系に関係なく「学んできてほしい」と考えられている分野であり，少なくとも，高等学校においてオマケのごとく扱われた挙句に，重要ではないという刷り込みをされるような分野でない（そもそもそんな分野自体が存在しない）ことだけは，ぜひともご理解いただければと思う次第である．

　文系・理系にかかわらず，統計学に対するニーズは非常に高く，あれほど大学入試で求められた微分・積分を上回っている．もちろん，学習指導要領を決定する会議である，教育課程審議会のメンバーが，まさかこれほど社会におけるニーズが高いことを知らなかったはずがない．実際に，各種統計関連学会は連名で，中央教育審議会に対し「21世紀の知識創造社会に向けた統計教育推進

への要望書」を提出するなどで現状を訴えており，そのなかにはこれらのデータも盛り込まれている．ならば，統計の社会からのニーズや重要性に関する情報は伝わっているにもかかわらず，学習指導要領では相変わらず「選択科目」であり，入試とは無縁の科目であり続ける(2012年以降は「あり続けた」)理由について，筆者なりに少し考えてみよう．

❖ 筆者の考える理由その1　異質な数学？

そもそも，初等・中等教育における算数・数学は，数と式を中心としたカリキュラムにより展開されている．小学校入学直後の足し算・引き算などの四則演算に始まり，中学校で学ぶ方程式や，高等学校範囲の微分法も例外なく数学的規則や定理，公式を用いて100%正しい回答を導くことを目的としている．いつでも $1+1=2$，$x+3=4$ ならば $x=1$，$y=x^2+2x+3$ の微分は，いついかなるときでも $2x+2$ となり，それは何万回繰り返そうが変化することはない．絶対的な定理や公式をキッチリと覚えて得点すること(?)を是とした教えであり，なぜそれがそうなるのかなどは考える必要はないとされる…それが初等・中等教育段階の数学なのである．そういえば筆者も，マイナス×マイナスがなぜプラスになるのかという疑問を教師にぶつけたところ――

「余計なことを考えるな！　そう覚えておけばいい！」

――と怒鳴られた記憶がある．筆者はエジソンには遠く及ぶはずもないが，少しだけ彼の気持ちがわかったような気がしないでもなかった．

それに対して統計学は，不確かなものを扱う学問である．多くの定理や公式のように，演算の仕方さえ覚えておけば必ずしも毎回永久不変の一つの答えに結びつくわけではない．コイン投げでもサイコロ投げでも，何度も施行を繰り返せば徐々に理論値に近づきはするが，理論値とイコールになるような完全一致をすることはまずない．学校教育においては，公式通りに確かな回答をする能力を身につけることのみが是とされ，その能力の高さにより賞賛され，得点に結びつくような指導を繰り返してきているにもかかわらず，いきなり「確からしさ」を考えろといわれてもどうだろうか？

詳細は後述(→ p.48)するが，しかも皆様が最も興味をおもちと思われる「統計的検定」に関しては，不確実性の塊のようなものである．加えて，数学には不似合いな「予定調和」の考え方に基づいているものを「数学として」受け入れなさいといわれてもどうだろうか．筆者としては，用いている記号は数学記号でも，これを数学の一環として教えるのはどうしても無理があるようにも思えてしまう．新たな学問として数学とは切り離して教えられないか…？　参考までに，統計学をほかの数学とは切り離して考えるべきであるとする数学の研究者も多く，一部では「高等学校までに中途半端に統計を教えるのは混乱する」と，新学習指導要領における統計の必修化に反対する動きもあった．たとえば諸外国では，学習指導要領において数学と統計を別の教科として位置づけているところもあるほどである．その他の諸外国でも，カリキュラム上も数学の延長とは考えておらず，一つの学問体系(教科)として大きな存在感を示している．まったく異質なものを数学の時間に取り扱うことの難しさ，いうなれば指導の困難さも一つの原因となっているかもしれない．

❖ 筆者の考える理由その2　出題の手間や難しさ

　20年以上昔，ある医科大学で統計の出題があった．2つの集団の血圧に差があるかどうかを回答させる問題で，各群10症例ずつ，計20症例のデータが与えられ，有意水準を$\alpha = 0.05$として検定せよということだった．注釈としては，$\alpha = 0.05$のときの値を$Z = 1.96$(標準正規分布より)とするとの記載があった．配点は10点ぐらいだったということだが，何と受験生数百名のなかで，満点の回答が1人もいなかったらしい．出題者としてはt検定によって検定統計量を求め，検定統計量を棄却域の1.96と比較して有意であるか否かを判定，最後に「有意水準0.05で有意となる／ならない」のような回答を期待していたらしいのだが…．後の章の先取りになってしまうが，まあ有名なt検定なのでここは皆様と一緒に手順を考えてみよう．①両群の平均値，②標準偏差，③t検定の式から検定統計量，④求めた検定統計量と$\alpha = 0.05$のときの正規検定表からZの値(両側検定ならば1.96および−1.96)を比較し，⑤有意であるかどう

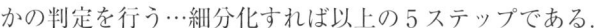

かの判定を行う…細分化すれば以上の5ステップである．

　本来ならば，正規性や等分散性のチェックが求められるのかもしれないが，さすがに——

　「正規性や等分散性が不明なのでt検定は使えません！」

　——と記載してきた受験生はいなかったらしい（笑）．そもそも正規性や等分散性の検定，片側・両側検定などは高等学校の学習範囲では取り扱わないため，「そのままt検定」の悪癖（？）は，実は当時の高校生にはこの段階から身についていったのかもしれない．このような部分も考慮すれば，高等学校の学習範囲で本来のt検定に必要な知識や手順を問うことは非常に困難なのであり，「中途半端に教えるべきではない」と主張される方々もこういった部分を懸念しているのかもしれない．ついでに筆者がツッコミを入れるのであれば——

　「正規近似で検定するにはサンプル数が少ないのでは？」「片側か両側か（一応 0.05 で 1.96 とのことなので両側とみているが，明記されていない）」

　——ともいっておきたい次第である．2群で片群10例（自由度18）程度であれば間違いなくt分布で近似しなければならないので，自由度と例数からt分布表の$\alpha = 0.05$となる値を求めるべき…なんてことをつけ加えておきたい次第である．これだけのツッコミがあると，大学の関係者も出題したくないと思うのは当然であろう．下手に高等学校の範囲を逸脱すれば，文部科学省から容赦のない警告が浴びせられるというリスクを考えると，やはり出題したくないという気持ちになってしまうのも理解できる．

　プラス，入試にはつき物の「途中点」の存在である．満点でなくとも正しい部分には得点を与えようという考え方であり，理系の皆様であればコレによって救われた経験のない方はおそらく皆無であろう．この問題の10点の内訳は，①平均値が求められれば2点，②標準偏差が求められれば2点，③基本統計量が求められれば2点，④検定統計量と$\alpha = 0.05$のときの正規検定の値，$Z = 1.96$と比較できれば2点，⑤最後に「検定統計量>1.96（もしくは検定統計量<$-$1.96）となり，帰無仮説を棄却できるため，2つの集団の血圧には差があるといえる」まで結論づけられれば2点というところだった．しかし実際の研究活動であれば，もしも最後の不等号の向きを勘違いしたらその時点ですべてがパー

であり，実験結果の解釈そのものがすべて真逆になってしまう．時に重大な損害や，場合によってはとてつもない副作用や健康被害をももたらしかねない結果になってしまう行為にさえ，入試では 8 点も与えられてしまうということである．大学入試においては，最終的な解釈が真逆でも「80％正解」となってしまうことを，果たして統計学的な「正解」と呼んでもいいものなのか…？

❖ オレ様の誇りが許さない？

　以上，統計は現代社会においてニーズが高いといわれつつも，それを学習する環境は決して整っていないことがご理解いただけたと思う．たとえ，高等学校段階においては「時期尚早」という理由で選択科目とされていると好意的に受け止めたにしても，教科書の隅で，いうなればさらし者（たとえそのような意図はなくとも）状態にしてしまうことが軽視につながっていることは否定できない．加えて入試には関係ないとなればますます学ばれなくなるのは当然であろう．さらに大学では規制緩和により，外部からは何を学んでいるのかわからないような学部・学科名が急増しつつあり，ますます「基礎よりも専門」の風潮は促進されつつある．一般教養などという言葉も死語になりつつあり，そのようななかでイキナリ「〇〇統計学」を学べといわれてもどうだろう？　すべての学習者が必ず学んでいるものは中学校段階までの「平均値」だけであり，標準偏差や分散などは意味のわからないまま研究活動にのぞんでいるなどという例もある．多くの大学においては，「〇〇統計学」の学生向けのシラバス（講義内容などをまとめたもの）には，判で押したように「高等学校で履修した程度の統計学の知識が必要」「高等学校の教科書などで復習しておくこと」などと記載があるが，**大学の関係者は，そもそも高等学校では履修していないということを理解する必要があるだろう．**というか，入試で出題していないのだから大学関係者は理解しているはずなのだが…？

　ならば「〇〇統計学」の前に，統計学の基礎を学ぶ機会を提供する必要はないか？　そうすれば，カンバンに偽りのない「〇〇統計学」の授業も，基礎に終始せず最後まで行うことができるのではないだろうか？　で，「〇〇統計学」は本

来の姿に戻り，そこでは理論や数式，各分野の研究デザインや実験計画，分野特有のルールやしきたりなどの話が展開されれば，晴れてカンバン通りの授業となるはずである．いきなり基礎のないところに専門的な知識や数式を流し込んでもどうなるものではない．まずはしっかりした基礎工事をすることから始めてはどうだろう．

しかしながら，そこには意外な障壁があったりする．数年前，大学院の博士課程在学中に同期の学生から，何かよい統計の本はないかと尋ねられた．筆者は迷わず『初等統計学』(P.G ホーエル，培風館，1981) をすすめたのだが，同期生いわく――

「なぜこの僕が初等なんだ！」

――と烈火のごとく怒りだした．どうやら，国立大学の大学院で博士課程にいる自分がどうして初等など…侮辱しているのかという意味らしいのだが，そのためには，まずは基礎が大切であるという筆者の意図があるのはいうまでもない．念のため，同書は初等とは名ばかりの読み応えであり，もしも中学校で学習した「平均値」以来統計学を学んでいないということであれば，むしろ厳しい内容である．筆者としては侮辱どころか，かなり尊重していると思っていたのだが…．同期いわく――

「僕は生物・医学統計をやりに来ているのだ．いまさら統計の基礎などを学びに来たのではない！」

――とのことであった．大学院に学ぶ人々のこのような意識や背景もまた，自ら学習機会の喪失を招いている部分もあるだろう．医学部の学生もまたしかりである．考えてみたら社会人向けの統計講座を開催しても――

「私が聞きたいのは生物統計学であり，統計学の基礎ではない！」

――などと感想を記載してきた挙句，アンケートで最低の評価をしてくる受講生もいる．

オレ様の誇りが許さない…ってことか？

第1章　統計学あれこれ

2 統計学は難しい?
難しくみえる人，みせる人?

　そんなの難しいに決まっているじゃないか…！　などとお怒りになられる方もいらっしゃるだろう，いや，多いだろう．実は多くの方が難しいと思っているのは，筆者も日常の講義などを通じて理解しているつもりである．筆者の調べでは，元勤務先の医学部の学生のうち79％は難しいと考え，同様に社会人向け講座でもおおよそ86％の受講生が難しいと感じていた．ならば，これほどまでに大多数の人々が難しいと感じてしまう理由について考えてみよう！（「サンプリングに偏りアリ」などとツッコミが来るかも？）

❖ クレーマー，クレーマー？

　といっても，昔の名作映画の話ではない(あれは「クレーマー」でなく，「クレイマー」なので勘違いのないように…)．で，本題であるが，筆者が講師を勤めていた社会人向けの夜間大学院コースにおける講義での出来事であった．合計を意味する記号のΣ(シグマ)を用いたら──
「初心者相手に数式を使うな！」
　──と，たちまちクレームが飛んできたのである．一昔前であれば──
「やかましい！　この程度のことがわからんやつが出てくるんじゃねぇよ！帰れ！」
　──で済んだのかもしれないが，今はなぜか「わかりました」といわなければならないようだ．近年では，それこそ大学であっても受講生はお客様であり，決してご機嫌を損ねてはならない人々である…というようなフザけた風潮があるらしい．アンケートにおいて，「数式ばかりを使われてわかり難かった」と記載されれば講師の評価は低下し，以後「数式を用いないように」と，事務局からの要望がやってくるといった始末である．
　で，懲りた(？)筆者は，今度は数式を用いずに説明したところ，今度は──

「説明が冗長になりすぎてまどろっこしい！ ほかの受講生は基本的な数学を学んでくるべきだ！」
「程度が低いやつに合わせるな！」

——と，こちらもたちまちクレーム発生となった．まあ，「程度が低い」の定義は不明としても，要するに知っている人にとっては「数式」のほうがわかりやすいということなのだろうか？ それとも，数式が存在しないとやった気がしないのであろうか？ まあ，こればっかりは聞く人の経験やセンスなどによる部分が大きいので，一概にどちらの言い分が正しいとはいえない問題であろう．

人数が増えれば増えた分だけ，受講者のレベルはバラツキが大きくなるのは世の常であり，万人対応の講義が困難になることはいうまでもない．講義のタイトルに「入門」「応用」などのサブタイトルや，受講者の条件に「最低限△△程度の知識を要する」などと記載すればよいのかもしれないが，社会人，一般向けの「〇〇統計学」のようなタイトルのみの場合は，本当にさまざまな人々がやってくる．民間であれば，ある程度のレベル別に複数のコースを用意することで対応できるのだろうが，大学が主催の場合はそうもいかない．理由は使える資源や教室もかぎられているからにほかならない．ならば真ん中を取って…とした場合，結局中途半端で初心者・上級者の両者とも納得しないままの講義となってしまうのだ．レベルを区切らない場合，受講者のレベルは正規分布（→ p.86）には従い難く，実は両極端になりやすい傾向があったりするのだ！理解している人はより一層理解を深めようとして，していない人は基礎から理解しようとしてやってくるので，どうしても中間層が少なくなってしまう．まあ，これはどのような講座にもみられるであろう現象ゆえ，妥結点を見出すことによりクレームを減少させることは可能である．

ところが，なかには以下のようなクレームも存在する——
「私は生物統計学を学びにきたのにどうして基礎統計学の話をするのか？」
「もっと専門的なことを教えてほしい」
「いまさら統計学の基礎なんて人をバカにしている」
「大学院を(医学部を)出ている受講生を相手に高校生の内容とは納得がいか

ない．講師はもっとレベルを掌握してほしい」

——などなど，非常に頼もしい（？）クレーム，いや，ご意見も寄せられる．monster student とまでいってしまうといいすぎかもしれないが，とにかく，学歴を積み上げてきた自分には統計学の基礎などは似合わない，先の事例のように「オレ様の誇りが許さない」ということである．**ところが，いざ試験をしてみると…このようなクレーマーの人々の平均得点は，100 点満点でせいぜい 20～30 点程度だったりする——**

「いまさら統計学の基礎などはバカらしくて学びたくもない」

「統計学の基礎も理解していない」

「数式はむしろ用いるように要求してくるが，その内容は理解していない」

——そんな彼らクレーマーたちの学習機会を喪失させているのは，ほかならぬ彼ら自身の誇りである．初等統計学という言葉に怒り出した大学院の同僚と同じように，オレ様の誇りが認めようとしないのだろうか？　しかしながら，**基礎のないところにいきなり専門的知識を注入しようとすれば…どんな人でも難しく感じるだろう．** まずは焦らず基本から！

Break 1　「オレ様の誇り」に関する考察

『高学歴ワーキングプア　「フリーター生産工場」としての大学院』（水月昭道，光文社新書，2007）が売れている．学歴の高さとともに誇りも高くなり，研究者以外の職を求めなくなることで，研究職に就けない大学院修了者がフリーターとなってしまう構造についても説明がなされている．基本的に「彼らの誇りこそが就職機会を失わせている部分もある」ということであるが，ある意味，前述の「初等統計学」による学習を放棄したメカニズムとまったく同一である．「いまさら統計学の基礎（高等学校の選択科目の範囲）なんてやっていられない」クレーマーの人々も，ここでは同一のメカニズムであろう．

　内容は高等学校範囲であっても，学んでいない，学んでいても身についていないということをまずは理解する必要があるだろう．学歴，学年の上昇とともにそうなってしまうとしたら…入学間もないうちに，統計の基礎を学ぶことが大切かも….

　時にホコリは邪魔になる？

❖ あえて敷居を高く…？

　しかしながら，このようなクレーマーの皆様を責めてばかりもいられない．彼らに対し謙虚さを求めるばかりでは決して事態は好転しないどころか，むしろ生物統計学への興味を失わせてしまうことにもなりかねない．実際に，生存時間解析の作法などが難しすぎて，生物統計の学習を断念した人，ソフトウェアのSAS(statistical application system：医学・生物統計学における標準的統計ソフトウェア)が難しくて断念した人を筆者も大勢みてきた——
「別に挫折するようなやつらに学んでほしくない！」
——そういってしまえばそれまでであるが，実は講義を行う側にも，**専門的なことを安易な言語で伝達するための創意工夫が求められている**のではないだろうか？　先日，それこそSASのユーザー会で知り合ったファイナンス系のユーザーが——
「医薬の統計をやっている連中は，ファイナンスやマーケティング統計にかかわっている人間を見下している気がする．まるで我々は金儲けのために統計を用いているが，連中は公共の福祉のためだと大儀を振りかざしている！」
——と，非常に気になることをいっていた．それに対し筆者も——
「自身も今は医薬のユーザーだけど，確かにそう感じることはある」
——と切り返した．筆者はもともと社会学から統計をやり始め，以前はマーケティングのための統計解析を仕事にしていたので，SASをマーケティングで用いていた時代もあった．恥ずかしい話であるが，当時は生物統計学の存在自体を知らなかったため，そのように感じる機会すらなかったわけであるが，このユーザーは，**一部の医薬統計の関係者に何か排他的な雰囲気を感じている**という．いわれてみれば，確かに生物統計は高尚であるとやたらと口にしたがる人は過去にもみたことがあるが，ファイナンスやマーケティング，さらには社会調査法までさまざまな統計の関係者で，統計学は高尚なものであるといった人にはまだ会ったことがない．ならば，実際に筆者に対し「生物統計が高尚である」と主張した人のうち，どれほどの割合の人がファイナンスやマーケティングにかかわったことがあるのだろうか？　筆者が聞いたかぎ

りでは，他分野の経験者はまったく存在しなかった．ほかの統計学を経験していないのに，「生物統計学が高尚である」などというのは，（今の通知表の評価と同じ）単なる絶対評価にすぎない．医療や生命を扱っているから高尚であり，そうでないから高尚ではないなどと勝手にいってよい物ではない．結局のところ，そこには明らかな思い込みや偏見，勝手なイメージが存在しているのであり，そのような偏見こそが統計学にとって最大の敵であるということにさえ気づいていない．

　残念ながら一部には，このような「高尚さ」を保とうとするがために，わざわざ初学者に対し高圧的に接する人々がいるのは否定できない．つい先日まで，筆者も「サルにもわかるSAS講座　～今日から始められる身近な生物統計～」（月刊モダンフィジシャン，新興医学出版社）なる連載をしていたのだが，同業者のなかには「サルにもわかるとは何だ！　生物統計はそんな簡単なものじゃない！」「素人に生物統計学をやらせるな！」なる批判を何度となく受けている．どうやら生物統計学という自分たちのサンクチュアリ（聖域）とテリトリー（ナワバリ）に，新参者が入って来ることが許せないということらしい．いや，実は彼らが恐れているのは，競争相手の参入による，自身の市場価値の相対的な低下であるように思えてしまうのは筆者だけだろうか？

❖ それぞれの立場にとっての難しさ

　以上，人為的な要因により統計学を難しくしている部分が，実はかなり存在することはご理解いただけたであろうか？　ならば，今度は本来の難しさ(？)である数式について考えてみよう．筆者による講義のアンケートの結果によれば，数式による説明のほうがわかりやすいという声もあるが，苦手な人は徹底して苦手であるというシロモノらしい．筆者の知人にも，実は数式が嫌で理系に進まなかった人間は数多いが，本当に数式とはそこまで難解で，複雑怪奇な話なのであろうか？

　では，統計学に出てきそうな数式について少しばかり考えてみよう．筆者の感覚では，主に C(combination：組み合わせ)と P(permutation：順列)，Σ(シ

グマ：総和）と∫（インテグラル：積分）がメインではないかと思うのだが…甘かった！　確かにそれらがメインではあるが，実際に統計の本を開いてみると，実は結構出てきたりするのであった．単独ならばともかく，これらの記号が複雑に交じり合ってくれば，おそらく数学を専門としてこなかった人々には苦しいものであろう．もしも筆者が初学者のときに，いきなりこのような数学記号の連続攻撃を受けていれば，やる気にならなかったかもしれない…そんな風に考えながら，少し数学記号に関する復習をしてみることにしよう．統計学の参考書を読むにあたっては，「数式が出てきたところで嫌になった」という声をたくさん聞くので，嫌な人は飛ばしてくれても差し支えない．

以下，駆け足で主だった数式の説明をさせていただくが，もちろんコレをみたからといって急に理解できるようになるものではない．もう少し知りたい皆様は，先ほどの初等統計学をはじめとした書籍などをご参照いただければ幸いである．難解な数学記号が理解できて，使いこなせるに越したことはないが，ならば，それらのすべてを知らなければ統計処理を行ったりしてはならないのかといわれれば，ハッキリ答えは No である！　ならばどの程度の知識が必要なのかといえば，それは皆様の目的によりますとしかいいようがない．

たとえば──

> ❶ 英語論文を読んで，記載されている統計処理の意味などを理解できるようになりたい
> ❷ ソフトウェアの力を借りて簡単な統計処理ができるようになりたい
> ❸ 明らかに間違ったデザインの研究のまずい部分がわかるようになりたい
> ❹ 臨床試験や研究のデザインを行って自ら実施できるようになりたい
> ❺ 製薬企業で臨床試験のデザインや解析，当局との折衝ができるようになりたい

──などなど，求めるレベルにより必要な知識量は異なるということである．念のため，本書は❶，❷…頑張れば❸のレベルを想定して記載しているが，特に❷を意識している．所々❸レベルの話も出てくるが，決して難解では

> **（厄介な）主な数学記号**
>
> 【log】常用対数で，底を 10 とするもの．
>
> 【ln】自然対数で，底を e とするもの．e は自然対数で，おおよそ 2.71828 の定数．
>
> 【！】階乗．たとえば，$5! = 5 \times 4 \times 3 \times 2 \times 1 = 120$
>
> 【P】permutation（順列）．$nPr = \dfrac{n!}{(n-r)!}$．たとえば $n=6$, $r=2$ であれば $\dfrac{6\times5\times4\times3\times2\times1}{4\times3\times2\times1} = 6 \times 5 = 30$ となる．
>
> 【C】combination（組み合わせ）．$nCr = \dfrac{n!}{r!(n-r)!}$．たとえば $n=6$, $r=2$ であれば $\dfrac{6\times5\times4\times3\times2\times1}{(2\times1)\times(4\times3\times2\times1)} = \dfrac{(6\times5)}{2} = 15$ となる．
>
> ＊順列は抽出したときの順番も関係するが，組み合わせの場合には順番は関係ない．
>
> 例：A～F の 6 つから 2 つを取り出す場合，順列ならば A-B と B-A は別物だが，組み合わせは A-B と B-A は同一のものとして扱う．

ない．可能なかぎり安易な記載を心掛けるのでご了承いただければと思う．

❹，❺のレベルに達したいのであれば，ぜひとも巻末の参考文献などをご参照いただきたい．どのレベルまでの知識を求めるかは，あくまで学習者個人のニーズ次第であるので，本書がそのきっかけになれば何よりである．

くれぐれも…本書のレベルで満足しないように！

【Σ】シグマ（総和）．通常は，$\sum_{k=1}^{n} x_k p_k$ のように記載する．これは $x_k p_k$ において，k が 1 から n まで順次変化した場合の和を求めるという意味である．

例：サイコロを 1 個振った場合の出目の期待値を求める場合に，x を出目，p を確率とすると，x の範囲は $1 \leq x \leq 6$，p はすべての場合に $\frac{1}{6}$ であるので，

$$\sum_{k=1}^{6} x_k p_k = \frac{1+2+3+4+5+6}{6} = 3.5 \text{ となる．}$$

確か，$\sum_{k=1}^{n} x_k = \frac{1}{2} n(n+1)$ なる公式もあったと思う．

【∫】インテグラル（積分記号）．たとえば確率密度変数の場合は

$$\int_{-\infty}^{\infty} f(x) dx = 1$$ のように記載する．これは，すべての確率を足し合わせた場合は必ず 1 になるということを示している．

例：標準正規分布について，x の値が 1〜2 の区間を取る場合の確率を求めるには，

$$P(1 \leq X \leq 2) = \int_{1}^{2} \frac{1}{\sqrt{2\pi}} e^{-\frac{1}{2}x^2} dx = 0.138 (13.8\%) \text{ 程度となる．}$$

▶▶▶ **パラダイムシフト ❶** ▶▶▶
・統計学の存在感は高等学校までに扱われてきたような存在感ではない！

第 2 章

データをどう扱う？

① データ四方山話
　数字＝データ？

② データの種類と処理方法
　何でもかんでも平均値？

第 2 章　データをどう扱う？

1 データ四方山話
数字＝データ？

　統計学とは，一言でいってしまえば，データを集約して取りまとめることで，見通しをよくするものである．ならば，データって一体何だろう？　統計学にかかわっている人々は言うに及ばず，特にかかわっていない一般の人々も，それこそマスコミも，後述の恣意的バイアスを仕掛けてくる人々でさえも，「データがモノをいう」「データが語っている」などと口を揃えて，「データ」「DATA」「出ーた(？)」というが，実際にデータという言葉の意味を理解して用いている人がどのぐらいいるだろう？　実は筆者も昔は知らずに用いていたので，反省の意味も込めて，ここではデータについて少し考えてみよう．

❖ データと情報

　まずデータの意味を辞書で調べてみると――
1．物事の推論の基礎となる事実．または参考となる資料
2．コンピューターでプログラムを使った処理の対象となる記号化・数字化された資料

　『大辞泉』(松村 明，小学館，1998)より
　――とあった．となると，以下のうちデータと呼べるものはどれだろうか？

❶ 2月1日の売上はみかんが 45,000 円，ゆずが 30,000 円
❷ 学生Aの母親はクレーマー気質で，昨年の統計学の判定には異議を唱えてきた
❸ ぼんぼんずんぼぼんずん
❹ 1356，2426，1531

❺ 以下のように資料が表にまとめられたものは？

	PATNO	DOSE	AREA	AGE	SEX	HEIGHT
1	0001	Placebo	北海道・東北	23	男性	1.65
2	0002	Micro	北海道・東北	25	男性	1.73
3	0003	Micro	北海道・東北	27	女性	1.55
4	0004	Placebo	北海道・東北	30	男性	1.63

VIEWTABLE: Work.Monkey

　上記の❶～❺について，物事の推論の基礎となりそうな事実および資料を探してみると，数字が入っている❶はデータとみてよさそうである．**❷は文章だが，実はこれは立派なテキストデータである．データ＝数字であるというのは明らかな思い込みであり，**一部の人間が――

「データが語っているではないか！」

　――などと，いかにもデータ＝数字であるかのような用い方をしていることが，大いなる勘違いの原因であろう．ついでにいっておくならば，音声や画像，動画なども立派なデータである．❸は意味不明なテキストの羅列であり，データとはみなされない．ただしこれが何かの暗号であったならば，これらの解読方法を知っている人にとってはデータである．❹も意味不明な数字の羅列にみえ，これも暗号なのかといえば実はデータである．ただし，ある駅における列車の発車時刻の一部であるということに気づいていればの話であるが…．さらには❺のように，さまざまな項目について表にまとめられたものは**データベース**と呼ばれ，これらは集計・解析などの演算を行うために作成されるものである．皆様おなじみの Microsoft Excel などは**簡易表計算ソフトウェア**と呼ばれ，❺のような表を作成し，計算や演算を行うために存在する，非常に便利なシロモノである．つまり，**❺はコンピューターでプログラムを使った処理の対象となる記号化・数字化された資料**であり，ほかの❶～❹以上にデータが集約されているもの，それゆえデータベースと呼ばれているものである．

　続いて，これもよく混同されてしまいがちなのだが，「情報」とは何であろうか？　まず辞書によれば――

「ある特定の目的について，適切な判断を下したり，行動の意思

決定をしたりするために役立つ資料や知識」（大辞泉）
──とある．どうやらデータの定義は，何らかの言語的意味があるものを表現した資料であることであり，そのための表現方法や伝達のための媒介は問わないということである．それに対し**情報とは，データのように言語的な意味があるだけでなく，それらが判断や意思決定に役立たなければ意味がない**ということである．たとえば前述の❺のデータのように，きれいにデータベース化されていても，それを用いようとする人以外にとってはただのデータベースであり，情報とはなり得ない．一方，意味不明な数値の羅列にしかみえない❹でさえも，**その駅の利用者にとっては立派な情報**なのである．兵庫県のローカル局，サンテレビの天気予報で北海道の天気を紹介しないのは，情報としての価値がかぎりなくゼロに等しいからにほかならない．

以上，データと情報は異なるということでまずはご理解いただけたと思う．言語として意味があっても，**役に立たなければ（立てられなければ）情報**

> **Break 2　文字列→情報へのジャンプアップ？**
>
> 　皆様のなかには，自動車のナンバープレートを有料で購入した経験のある方もいらっしゃるだろう．筆者の講義時のアンケートでは，結婚記念日や誕生日など，やはり思い入れのある番号を買い求める方が多かった．それらは各購入者にとっては情報でも，事情を知らない他者にとっては単なる文字列であり，簡単に覚えられるものではないだろう．金融機関の暗証番号は，電話や番地，誕生日やナンバープレートなど個人を特定できる情報を避け，しかも忘れることのない4桁を要求されるのだから，実は極めて厳しい要求なのではないかと思う次第である．
>
> 　金融機関の暗証番号においては，1111など同一番号並びは認められないが，ナンバープレートの1111，7777などはむしろ抽選（時に高額？）で購入する必要があるらしい．交通トラブルを起こした人間のナンバープレートが1111だったとしたら，被害者は覚えやすいことこのうえない．仮に自己主張（顕示欲？）が強い人ほど，運転が荒っぽくなりやすいと仮定するのであれば，覚えられやすいナンバーは自殺行為…もとい，自身への安全運転の誓いと受け止めるべきであろう．

ではないということである．たとえば鉄道の時刻表は，数値が満載でいかにも情報も満載にみえなくもないが，鉄道マニア以外の人々にとっては，情報はごく一部であるかもしれない．

　知人が電車に置き忘れてきたカバンの中身は10万円入の財布と「ACGC…」などの文字が記載された紙…結果，財布は消えたが，その紙が無事で涙を流して喜んでいた知人のことを思い出してしまった．

❖ データ＝情報である必要性

　さて，皆様がご自身の仮説の探索・検証のためにアンケートを実施するとしよう．いわゆるダメなアンケートを語りだしたらキリがないのだが，それらに共通していることは，やたらと項目数が多いことである．「1.非常によい，2.よい，3.ふつう，4.悪い，5.非常に悪い」のような5段階の設問が100問以上用意されていて，時には全部で10枚にもなる．回答者は，全部回答しなければ粗品や商品券がもらえないから仕方がなく回答するが，50問を越えたあたりから，すべての設問に対し「3.ふつう」を選択した記憶のある方もいらっしゃるのではないだろうか？　インターネットのリサーチならば，「問○が未回答です！」とwarningを何連発も出されてしまい，「戻る」の「←」で戻ったら回答がすべて消えていて「ページが無効です！」と出されてしまった…そうなると回答などしていられなくなるだろう．

　設問数が多くなってしまうのはほかならない，とりあえず聞いておけば何かの役に立つだろうという，人間の欲深き心理である．さらに「いらなかったら捨てればいい，使わなければいい．聞き忘れるよりはマシ」という心理が働くことにより，ますます大量設問になってしまうのである．一つの調査で多くの結果を…という気持ちもわからないでもないが，本当に知りたいことに対する悪影響が出てきかねないことを理解してほしい．

　以上，収集するデータのすべてが研究者にとって価値のある「情報」であることが理想であり，あくまでデータを得られたというだけでは何の役にも立たな

Break 3　アンケート四方山話

これは筆者が統計ソフトウェア SAS の機関紙，SAS Technical NEWS のなかで連載していたときのコラム名である．詳細は以下のリンクを参照していただきたい．
http://www.sas.com/offices/asiapacific/japan/periodicals/technews/index.html

メインテーマは，マーケティング目的を中心とした多くのアンケートが，実は適切に作成されていないということを語っているのだが…たとえば？

> Q　次の中華料理の好き嫌いについてご回答願います
> 　1．ラーメン　　　（←好　1 2 3 4 5　嫌→）
> 　2．チャーハン　　（←好　1 2 3 4 5　嫌→）
> 　3．天津飯　　　　（←好　1 2 3 4 5　嫌→）
> 　4．焼きそば　　　（←好　1 2 3 4 5　嫌→）
> 　5．麺類　　　　　（←好　1 2 3 4 5　嫌→）

この場合，設問 5 は 1 と 4 を含んでしまう．アンケート項目はできるだけ構造化し，各項目が同じ重さで，独立していなければならないのだが，これは独立していない典型例である．早い話が，**同じ内容の質問を表現を変えているだけ**にすぎない．

また，皆様が独自に作成した調査票に関しては，クロンバックの α 係数などの「信頼性」が求められるので，初めて用いるときには，ぜひとも配慮していただきたい．詳細は割愛させていただくが，たとえば同じ人に同じ条件で同じテストを複数回行ったときに，本当に同じ回答が得られるかどうかなど，チェック項目は決して少なくない．同じ人に同じ条件で行っているにもかかわらず，結果がやたらとブレてしまう場合は，信頼性に問題がある場合がある．詳細は『医薬研究者のための評価スケールの使い方と統計処理』（奥田千恵子，金芳堂，2007）などをご参照いただきたい．

い．不必要なデータをたくさん収集して，データマイニングだの探索的，網羅的だのといってみたところで，所詮 GIGO（→ p.129）は GIGO である．アンケートは最低限の項目で，シンプルに，回答者のことを考えて作ることが重要であり，まずはアンケートを作成したら，自身はもちろんのこと，周囲の人々に回答してもらうことを絶対に忘れずに．その結果回答するのに疲れてきたり，いい加減に回答するようになったり，はたまた前の回答に引っ張られたり…何かおかしなことを一つでも感じたら，そのときには再検討の必要があると思っていただきたい．

❖ 入れ物の設計

さて，データの集め方は理解した…というところで，今度はいよいよ集計・解析を行うために必要な知識である．まず，データ＝数字ではなく，テキストや音声，画像もデータであるということはご理解いただけたと思う．では，それこそデータからモノをいうためには，どのような手順を踏む必要があるのだろう？　まずは Microsoft Excel などの便利な表計算ソフトウェアを用いて，集計や解析に耐えられるような**入れ物（＝データベース）**を作成しなければならないのだが，その前に，どのような入れ物を作るのかを検討したい（表 2-1）．

新製品○○に関する調査
（拝啓…表書きなどは省略）

Q1：居住地域
　　　（1. 北海道・東北，2. 関東，3. 北陸・中部，4. 近畿，5 中国・四国，
　　　6. 九州・沖縄）
Q2：年齢　　（　　）歳
Q3：性別　　　男・女

Q4：本製品の味わいはいかでしたでしょうか？（1つだけお選び願います）
　1. 非常に美味
　2. 美味
　3. どちらでもない
　4. 不味い
　5. 非常に不味い
Q5：その他お気づきの点がございましたら何なりとお聞かせくださいませ
　（　　　　　　　　　　　　　　　　　　　　　　　　　　　　　）

ご協力ありがとうございました

表2-1　まずは集められたデータをまとめてみよう

NO	AREA	AGE	SEX	TASTE	OTHER
1	北海道・東北	35	男性	1. 非常に美味	もう少し薄味がよい.
2	関東	47	男性	5. 非常に不味い	二度と買わない.
…	…	…	…	…	…
100	九州・沖縄	21	女性	3. どちらでもない	

　入れ物を作る前に，入れ物の構造について少し説明させていただきたい．おなじみのMicrosoft Excelなどにおいて，縦方向は「行（row）」，横方向は「列（column）」と呼ばれる．通常，縦方向には観察対象（回答者，患者など）を，横方向には変数（質問項目）を入れることからも，縦列のことをobservationと呼ぶこともある．なお，変数名に関しては，ゆくゆくは統計ソフトウェアにバトンタッチすることになるので，今のうちにアルファベットで入れることをおすすめする．1行目に質問項目をすべて入れ終えたら，1列目には識別番号を付与するのを忘れずに．もともと付与されている識別番号があればそのまま，なければ回答の到着順でも何でも構わない．

Microsoft Excel に数字を入力した場合，それらは**数値型データ**として**平均値**などの**演算処理**が可能になり，たとえば上記の事例であればNOとAGEが数値型データである．そのほかはすべて**文字型データ**であり，平均値などの演算処理を行うことはできないが，**頻度集計**を行うことはできる．たとえばAREAであれば，北海道・東北〜九州・沖縄がそれぞれ何名，SEXであれば男性，女性がそれぞれ何名というような集計が可能である．

　入力時に注意すべきことは，**「北海道・東北」と「北海道東北」は，中黒を入れ忘れただけでもデータ上は別物とみなされてしまう**ので，入力時には注意が必要である．そのほかにも，血液型のデータにおいて**「A（全角）」と「A（半角）」のようなパターンでも別物と判断されてしまう**ので，必ず入力時はどちらかに統一することを忘れずに．特に全角・半角の問題はたくさん見受けられるので要注意である．

　また，最後のOTHER（その他）に関しても集計を行うことができなくはないが，**AREA（6つ），SEX（2つ），TASTE（5つ）のように選択肢の数が決まっているわけではない．**それこそ，何をどれだけ記載しても構わないということになるので，最大で人数分（100通り）の回答が発生することも考えられる．どうしても集計したいのであれば，自由記述の内容を一つひとつ吟味しながら，特になしという内容であれば空白に，肯定的な内容であれば1，否定的ならば2のように，数値や記号を新しく振り直すしかないだろう．労力が必要な割には得られる情報も少なく，決しておすすめできる方法ではないので，自由記述は参考程度とするのがよいだろう．何よりも，人によって判断が異なる回答もあるので．

第2章 データをどう扱う？

2 データの種類と処理方法
何でもかんでも「平均値」？

　それでは調査結果をまとめるに当たり，皆様はどのような処理を頭に思い浮かべていらっしゃるだろうか？　先程の表2-1のデータを再掲するので，各データの処理方法について，ここで最低5分は立ち止まって考えていただきたい．

表2-1　再掲

NO	AREA	AGE	SEX	TASTE	OTHER
1	北海道・東北	35	男性	1. 非常に美味	もう少し薄味がよい．
2	関東	47	男性	5. 非常に不味い	二度と買わない．
…	…	…	…	…	…
100	九州・沖縄	21	女性	3. どちらでもない	

　(5分経過…) さて，どのような結論に達したであろうか？　まずAREA（居住地域）およびSEX（性別）は選択肢の数が決まっているので，各選択肢の人数（＝頻度）と全体に対する割合をパーセンテージで出力すればよい（表2-2）．

表2-2　文字型データのまとめ方

AREA	人数(人)	割合(%)
北海道・東北	15	15.0
関東	25	25.0
中部・北陸	15	15.0
近畿	20	20.0
中国・四国	15	15.0
九州・沖縄	10	10.0

TASTE	人数(人)	割合(%)
1. 非常に美味	26	26.0
2. 美味	20	20.0
3. どちらでもない	33	33.0
4. 不味い	15	15.0
5. 非常に不味い	6	6.0

SEX	人数(人)	割合(%)
男性	55	55.0
女性	45	45.0

　文字型データのまとめ方について，もしかしたら異議のある方もいるかもし

れない——

「わざわざこんな風にしなくても，私ならすべて選択肢の番号(＝コード)で入力する！」

——確かにおっしゃる通りであり，現実に筆者もそのようにしている．実際に番号で入力した方が入力の手間は小さいし，何よりも入力ミスが防げる．そもそも Microsoft Excel をはじめとした表計算ソフトには「置換」という便利な機能が備わっているし，統計ソフトウェアにはフォーマット機能が備わっているから，わざわざ文字で入力しなくたっていいじゃないか…間違いない．ならばどうして…？　だって…「やってはならないことをやりたがる人が多すぎるから！　それをやるぐらいなら文字で入力してくださいよ！」(筆者の叫び).

❖ データの種類と禁じ手(？)

■ **計数データ(質的データ：qualitative data)**

❶ **名義尺度(nominal scale)**：たとえ数値であっても順番に優劣はない．登録番号や患者番号などはこれに該当し，**分類尺度**ともいう
例：「男性，女性」「血液型」「背番号」「患者番号」「はい，いいえ」

❷ **順序尺度(ordinal scale)**：順番に優劣がある．**ただし，平均値などの統計量の演算には意味がない**
例：「1. 非常によい，2. よい，3. どちらでもない，4. 悪い，5. 非常に悪い」「小結，関脇，大関，横綱」「通知表の5段階」

■ **計量データ(量的データ：quantitative data)**

❸ **間隔尺度(interval scale)**：値となる数値の間隔(＝差)が等しく，足し算・引き算にも意味がある．基準点を任意に設定できる
例：「日付」「体温」「知能指数」

❹ **比例尺度(ratio scale)**：値となる数値の間隔および比が等しく，加減乗除の演算すべてに意味がある．基準点(原点)は決まっており，任意に設定はできない
例：「身長」「体重」「血糖値」

　まあ，データは上記のように大きくは2分類，さらに2分類ずつ4分類される．集計・解析の方法はデータの種類により異なり，共通しているのは，データを受け取ったら気になる変数について，**まずはグラフを書く**ということだけである．そうすることで極端な値(＝ハズレ値)や，全体的なデータの分布がみえやすくなるので，ぜひとも実践していただきたい．また，**あり得ないような数値や半角・全角の入力ミスを事前に発見する**役割もあるので，面倒でも実践することをおすすめしたい．なお，**❶＜❷＜❸＜❹の順に，データのもつ情報量が大きくなるという特徴がある**．それに伴って可能な処理方法も増加していくということになるのだが——

　「で，やってはならないことって何よ？」

　——失礼！　先程の項目の最後でそういったきりであった．先日のお話…というか，過去に筆者がたくさん体験させられたお話である．表 2-3 のようなデータが，例によっていきなり「このデータを集計しておいてください」と，筆者の都合も考えずに持ち込まれた．A群・B群の2つの集団による，ある事柄に対する評価に差があるかということを知りたかったらしい．仕方がないので，とりあえず集計を行って提出したところ，依頼者の教授は烈火のごとく怒ったのであった——

　「平均値はどうした！　手を抜くな！」

　——？？？　筆者は迷わず「平均値の算出は不適切です！」と回答したのであるが，怒った教授にはまったく通用しない(表 2-4)．むしろ，完全にキレてしまった様子で——

　「もうお前みたいなバカに頼まん！　ほかのやつに頼む！」

　——と，なかなか的を射た(？)捨て台詞を残して去っていただけた．もと

表2-3 筆者が提出した結果

	A群 (n=150)	(%)	B群 (n=100)	(%)	合計	(%)
1. 非常によかった	33	22.0	15	15.0	48	19.2
2. よかった	21	14.0	12	12.0	33	13.2
3. どちらでもなかった	46	30.7	26	26.0	72	28.8
4. 悪かった	37	24.7	26	26.0	63	25.2
5. 非常に悪かった	13	8.7	21	21.0	34	13.6
計	150	100.0	100	100.0	250	100.0

表2-4 依頼者の教授が求めていた(と予想される？)結果？

	A群 (n=150)	スコア	B群 (n=100)	スコア
1. 非常によかった	33	33 × 1 = 33	15	15 × 1 = 15
2. よかった	21	21 × 2 = 44	12	12 × 2 = 24
3. どちらでもなかった	46	46 × 3 = 138	26	26 × 3 = 78
4. 悪かった	37	37 × 4 = 148	26	26 × 4 = 104
5. 非常に悪かった	13	13 × 5 = 65	21	21 × 5 = 105
合計スコア		33 + 41 + 138 + 148 + 65 = 425		15 + 24 + 78 + 104 + 105 = 326
平均スコア		425 ÷ 150 = 2.83		326 ÷ 100 = 3.26

い，去って行ってしまった．で，果たして筆者は手を抜いたのであろうか？

表2-3のデータは，先程の分類においては❷順序尺度であり，平均値を算出する数学的な意味はない．たとえば身長であれば179 cmと180 cmの差であろうが，140 cmと141 cmの差であろうが身長差が1には変わりない．万国共通で，この先未来永劫変化することのないセンチメートルという客観的指標が存在するため，数学的にも四則演算のすべてに意味をもつのである．ところが「1.非常によかった」と「2.よかった」の差異は，比較にあたっては客観的な指標をもたず，感じ方には個人差も出てくる．同じ1の差異であっても，身長の事例のような普遍性も客観性もない．**あるのは大小関係だけである**．計数データをいかにも計量値のように扱い，上記の事例であれば「3.26 − 2.83 =

0.43 の差があるから B 群のほうが悪かった」などということはいってはならないのだ.

それでも,あえて 5 個のカテゴリデータで平均値を求めたいという人がいるのであれば聞いてみたい――

「A 群の平均値である 2.83 に該当する日本語は何ですか？」

「よくもないが普通よりは少しマシ(例)」

「では,2.84 の場合の日本語はどうでしょう？ 2.831 だったら？ 参考までに,2.83 と同じ日本語はダメですよ！」

「…」

――非常に意地の悪いいい方かもしれないが,もともと存在しない概念(通知表やサイコロの出目における小数点など)で表現するのは反則であり,仮に近似するにも 5 段階程度では不可能である.もしも比較するのであれば,合計のパーセンテージに注目し,A 群と合計,B 群と合計をそれぞれ比較して,合計との差が大きい／小さいといった比較を行うべきであろう.

図 2-1 は,メートル法とカテゴリデータのイメージを簡単に記したものである.メートル法は常に等間隔であるのに対し,カテゴリデータは個人による感じ方の差に依存するものである.**平均値を求めてもよい場合とは,データが科学的な指標に基づいた値であることが条件であり,それだけの情報量を求められているということにほかならない.** 大小関係しかわからないような状態において平均値を求めるのは,明らかに情報不足なのだ！

メートル法
140 141… 178 179

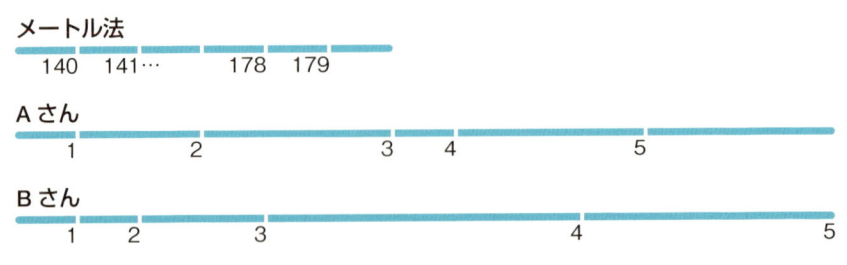

A さん
1 2 3 4 5

B さん
1 2 3 4 5

図 2-1 客観的指標をもたないものの平均値など意味ナシ！

平均よければすべてよし？

次も問題の（？）AGE（年齢）である——

「問題って，これは簡単じゃないか！ 今度は平均値を出していいんだから！」

——では，次の事例をみてほしい．

表2-5 平均点はどちらも5点

	審1	審2	審3	審4	審5	審6	審7	審8	審9	審10
Aさん	5	5	5	5	5	5	5	5	5	5
Bさん	10	0	0	10	10	0	0	10	10	0

AさんとBさんが10名の審査員から評価を受けたところ，10点満点でそれぞれ表2-5のように評価された．さてこの2名に対する皆様の印象はどうだろうか？ Aさんは可もなく不可もなく，すべての審査員にまったく同じように評価を受けた．一方，Bさんは5名からはまったく評価されなかったが，5名からはこれ以上ないほどの評価を受けた．この事例のようにすべてのデータが掲載されていればいいが，審査会場にいなかった人には，AさんとBさんの印象はまったく同じようにしか伝わらない．審査員にとっては，2人はまったく別のタイプの人間にみえていたにもかかわらず，**両方とも平均点は5点**である．

表2-6 平均年収2,800万円の会社に勤めたい？（単位は万円）

社員1	社員2	社員3	係長1	課長1	課長2	部長1	部長2	取締1	取締2	社長
300	360	420	480	560	600	720	800	1,200	1,800	24,000

あるIT企業の社員の年収は何と2,800万円！ 喜んで転職してみたものの，部長以下だけの平均年収は490万円で，社長まで含めた年収が2,800万円だったわけである（表2-6）．いざ就職してから「ダマされた！」といってみても所詮

は後の祭りである.

　以上，平均値は決して万能ではない．いや，むしろ平均値だけではモノをいえないことのほうが圧倒的に多いということを改めて認識するべきである．マスコミをはじめとして，色々な数値について平均値しか提示されない場合が圧倒的に多いが，これだけで物事を決断するのは，危険以外の何物でもない．平均値以外の基本統計量の存在を知っていれば，物事の見方もより一層深くなるというものである．表2-6のようにダマされることもなくなるのはもちろんのこと，表2-5のような裏側の事情にも気づきやすくなる．研究面のみならず，皆様の日常生活を実りあるものにしてくれるのは間違いない．

　基本統計量とは，収集したデータの特徴を表すことができる統計的な値のことであり，別名要約統計量ともいう．一般的には「平均値・最大値・最小値・中央値・分散(標準偏差)」を示すことが多いが，そのほかに，4分の1の点および4分の3の点を示す「四分位点」，グラフの歪み方を示す「歪度(わいど)」，グラフの尖り方を示す「尖度(せんど)」などの値もある．ここでは特に重要な5つについて紹介したい．

▶ 1) 平均値(mean)

最も簡単かつ用いられやすい統計量の一つである．いまさら特別な説明は必要ないだろう．通常は元の値プラス1桁までを表示するので，たとえば表2-5であれば，平均値は5.0と示される．μ(母集団の平均値)や，以下のようなxの上に棒が引かれたもの(標本の平均値：「エックスバー」と読む)で示される．

$$\bar{x} = \frac{n_1 + n_2 + \cdots + n_{100}}{100}$$ (100人の平均値ならこうなる)

▶ 2) 最大値(maximum)

観測された集団のなかで最も大きい値．表2-6ならば社長の2億4,000万.

3) 最小値(minimum)

観測された集団のなかで最も小さい値．表2-6ならば社員1の300万．

4) 中央値(median)

観測された集団のなかで真ん中の値．例数が奇数の場合は真ん中で問題ないが，偶数の場合はn番目の値と$n+1$番目の値の平均値となる．表2-5のBさんであれば，(5番目の値＋6番目の値)÷2＝(0＋10)÷2＝5となる．表2-6ならば課長2の600万．50％点という呼び方もあるが，そう呼ぶ人はあまりいない．

5) 分散(variance)および標準偏差(standard deviation)

基本的に観測データは平均値付近の値を取るものが多く，平均値から離れるにつれて徐々に例数が少なくなっていく傾向がある(いわゆる正規分布[→p.86])．観測したデータが平均値からどの程度ばらついているか，そのバラツキの度合いを値で示したものが分散や標準偏差(σ)である．標準偏差の2乗が分散なのでσ^2で示される．

$$\sigma^2 = \frac{(n_1-\bar{x})^2 + (n_2-\bar{x})^2 + \cdots + (n_i-\bar{x})^2}{N} \quad (N人ならばこうなる)$$

たとえば先ほどの表2-5のBさんであれば，平均点が5点，得点は5人が0点，5人が10点だったので分散は——

$$\sigma^2 = \frac{(0-5)^2 + (0-5)^2 + \cdots + (10-5)^2}{10} = 25$$

——となり，標準偏差は25の平方根で5となる．同様にAさんの場合は平均点が5点，得点も審査員全員が5点だったので分散は——

$$\sigma^2 = \frac{(5-5)^2 + (5-5)^2 + \cdots + (5-5)^2}{10} = 0$$

——と，何と分散は0になってしまう．審査員全員が平均値と完全一致，つまりバラツキがゼロになってしまうということである．もちろんこんなことは

減多にあるものではないが….
＊ここでは母集団の分散を示す「母分散」の式である．標本分散の場合は，前述の式の N は $(N-1)$ となる．

❖ クロス集計の必要性

　先の表2-2の事例はそれぞれ**単純集計**であり，単にアンケートの項目通りに数えただけのものである．それに対し，**クロス集計**は単純に数えるだけではなく，**ある項目について集団間の比較を行いたい場合に用いる**統計学の常套手段である．クロス（cross）とは交差および交わりという意味であるが，統計学における集計・解析において避けて通れない，頻出といえるものが**クロス集計**である．

表2-2　再掲　これらはそれぞれを数えただけにすぎないが…

SEX	人数(人)	割合(%)
男性	55	55.0
女性	45	45.0

TASTE	人数(人)	割合(%)
1. 非常に美味	26	26.0
1. 非常に美味	20	20.0
3. どちらでもない	33	33.0
4. 不味い	15	15.0
5. 非常に不味い	6	6.0

　たとえば表2-2の事例において，味わいに対する男女の差をみてみたい場合，つまり「非常に美味」と回答している26名～「非常に不味い」と回答している6名までのすべてのカテゴリにおいて，男女別の人数をみてみようということである．医学研究では特に薬効や治療法，生存時間などなど，集団間の比較を伴う集計・解析が非常に多い．解析は4章以降でまた説明するが，**クロス集計は比較のための基礎知識なので，**実は結構重要な項目であることをお伝えしたい．賢明な読者の皆様はすでにお気づきだと思うが，実は，キレてしまった教授に筆者が提出した表2-3の結果はクロス集計表なのであった．
　パーセンテージは男女別に算出し，まずは全体との比較を行う．「1. 非

2 データの種類と処理方法

表 2-7 クロス集計表はこうみる！

TASTE	男性		女性		合計	
	人数(人)	割合(%)	人数(人)	割合(%)	人数(人)	割合(%)
1. 非常に美味	11	20.0	15	33.3	26	26.0
1. 非常に美味	9	16.4	11	24.4	20	20.0
3. どちらでもない	20	36.4	13	28.9	33	33.0
4. 不味い	10	18.2	5	11.1	15	15.0
5. 非常に不味い	5	9.1	1	2.2	6	6.0
合計	55	100.0	45	100.0	100	100.0

（全体の割合と男性・女性の割合を各階級カテゴリで比較）

常に美味」と回答しているのは**全体では 26％だが，果たして男女とも 26％に近いのか，それとも男女間の割合には大きな差があって，平均して 26％になったのかはクロス集計を行わなければ判明しない**のである（表 2-7）．以下，「5. 非常に不味い」まで同じ作業を繰り返してみれば，おおよその傾向はみえてくるだろう．しかし，この段階ではあくまでザックリと傾向をみるという程度の話である．さらにこれらを科学的に検証するためには，4 章で学習する「検定」の知識が必要になるのでぜひともご期待いただきたい．

■ データの収納方法

カテゴリデータの平均値に対する無意味さがご理解いただけたところで，コーディング(coding)についてお話ししたい．コーディングとは，文字の代わりに選択肢の番号などをデータベースに入力する方法であり，先程の「面倒臭くない」やり方である．問題なのは，カテゴリデータであるにもかかわらず，数値型で入力すると即平均値を求めてしまうという行為であり，コーディング自体はむしろ推奨されるべきものである．

実は多くのデータはコーディングされた形でデータベースに収納されている(表2-8)．たとえば性別であれば男性＝1，女性＝2，北海道・東北＝1，九州・沖縄＝6のように入力規則を決めておけば，入力作業がグッと楽になり，それだけ入力ミスも減少する．しかも，男女別や地域別に北から並べ替えたいというような場合にも対応できるが，文字入力だとそうもいかない．ソフトウェアには北海道が北で九州が南に存在するという概念を認識することはできないので，あくまでユーザーが規則を与えなければならないのだ．そのまま並べ替えれば音読み50音順で並べられてしまうので，「関東」「九州・沖縄」「近畿」「中国・四国」「中部・甲信越」「北海道」の，地理的にはまったく意味のない並びになってしまう．こういった利便性のメリットもあるので，とにかく文字型データを入力する場面は，可能なかぎり少ないに越したことはないのである．

文字型データをコーディングして数値型データとして入力している理由は，これらの利便性のためである…と筆者は思っている．そのほかの理由もあるかもしれないが，少なくとも，カテゴリデータの平均値を算出するためではない！

2 データの種類と処理方法

表 2-8 コーディング処理をしたデータベース

NO	AREA	AGE	SEX	TASTE	OTHER
1	北海道・東北	35	男性	非常に美味	もう少し薄味がよい.
2	関東	47	男性	非常に不味い	二度と買わない.
…	…	…	…	…	…
100	九州・沖縄	21	女性	どちらでもない	

↓ (コーディングで入力・集計が簡単に)

NO	AREA	AGE	SEX	TASTE	OTHER
1	1	35	1	1	もう少し薄味がよい.
2	2	47	1	5	二度と買わない.
…	…	…	…	…	…
100	6	21	2	3	

もともとは文字型データだったので,最後はコーディング規則に従って表示することを忘れずに(表2-9).なお,文字を表示するのは集計結果の表に対してだけであり,データベースそのものはコーディングのままにしておくこと(並べ替えができなくなるので).

表 2-9 集計結果は最後にコーディング規則に従って表示

AREA	人数(人)	割合(%)
1	15	15.0
2	25	25.0
3	15	15.0
4	20	20.0
5	15	15.0
6	10	10.0

SEX	人数(人)	割合(%)
1	55	55.0
2	45	45.0

(もともとの入力規則
AREA:
　1=北海道・東北
　…(略)
　6=九州・沖縄
SEX:
　1=男性
　2=女性
に従って表示すると)

⇒

AREA	人数(人)	割合(%)
北海道・東北	15	15.0
関東	25	25.0
中部・北陸	15	15.0
近畿	20	20.0
中国・四国	15	15.0
九州・沖縄	10	10.0

SEX	人数(人)	割合(%)
男性	55	55.0
女性	45	45.0

第 3 章

統計的推定・検定とは？

❶ p 値と検定
p 値は強いぞ？

❷ 依存症と戦う？
治療法は？

第3章 統計的推定・検定とは？

1 p値と検定
p値は強いぞ？

　ようやく皆様が大好きな（？）p値のお話である．別に皮肉でも何でもなく，医学・生物統計の分野において，p値はきわめて重要な存在であるし，結果を科学として客観的に評価するために必要な指標であることも事実である．ところが，よくも悪くもp値は目立ちすぎている．あまりにもp値の大きさだけに一喜一憂している人々が多く，0.05よりも小さくさえなればそれでよいというような風潮が強く…いや，強すぎて筆者は危険性すら感じてしまうのである．「差があった」「なかった」という言葉を安易に用いてしまう前に，改めてp値と検定の意味を考えてみよう．特に検定については，改めてその原理から考えてみることにより，今一度大好きな（？）p値の意味を深く理解することにしよう．

❖ p値依存症（p-value dependence syndrome）

　依存症といえば元祖はアルコール，ちょっと前に社会現象になったギャンブル（特にパチンコ），最近やたらと世間を騒がせている薬物などが思い浮かんでくる．依存症とは「**それがなければ不安や不快を感じる状態**」であり，アルコールや薬物，ギャンブルなどでは別名「中毒」と呼ばれることもあるらしい．筆者のいうp値依存症に当てはめた場合，「p値中毒といえるのか？」と突っ込まれれば，少々意味が違ってくるかもしれない．だが，「それがなければ不安や不快を感じる状態」に関しては，これ以上の言葉は見当たらないほどハマっているだろう．それこそ，かなり多くの人々が「p値依存症」に該当するのではないだろうか…と思えてならない．

　では，筆者が体験した代表的なエピソードのなかから一つ…．

> **自治体 A 市における老人福祉のための調査**
> 目　　的：A 市における老人福祉予算の適正配分を行うため，A 市居住の お年寄りの意識や意見を収集し，予算の適正配分のための基礎資料を得ることを目的とする
> 調査対象：A 市に居住する 70 歳以上のお年寄りのすべて（約 18,000 名）
> 調査方法：郵送法．返答なき場合は督促を行い，必要に応じて面談による調査を行う
> 調査期間：平成○年○月○日～平成×年×月×日　（約 120 日）
> 調査項目：年齢，性別等の基本項目．通院の有無，外出の頻度，公共機関の利用頻度等

　例によって調査が完了した後で持ち込まれ，やたらと多い調査項目で，しかも難アリの項目も結構見受けられつつも，半ば仕方なく一応指示通りの集計を行って提出したところ，なぜか主任研究者の教授から怒られた．自治体から委託を受けた教授いわく――

　教授：「どうして p 値を出さない！」
　筆者：「すべての対象に対して調査を行っているわけですから，検定を行う必要はないはずです．目的もこの自治体のための基礎資料の作成ですので…」
　教授：「うるさい！　とにかく言う通りにしろ！」
　筆者：「それはできません」
　（交渉決裂！）
　――後にその主任研究者は，クリックだけでできるソフトウェアか何かで，新しく雇った人間に 18,000 人規模のサイズで t 検定(→ p.93)をやらせたらしい．そもそも，この自治体の担当者には「サンプリング調査」というアイデアはなかったのだろうか？　サンプリング調査よりも費用や調査期間が余計に掛かっただけで，おそらく結果に大差はないだろう．まあ，大学の先生の言う通りにしておけば間違いない…ってことなのか？　市民オンブズマンとやらに見つかったら，「税金のムダ使いだ！」などと吊るし上げをくらいかねない話だった．

(筆者の独り言：それこそ，こんな調査に金と時間を掛けているほうが老人福祉の予算の適正配分に反しているような気がしないか…？　明らかに福祉の予算を食い潰しているぞ！)

これはほんの1例であるが，とにかく統計処理を行ったら必ず――

- p 値がないと気がすまない
- 出てないと不安でしょうがない
- しかも 0.05 より小さくないと気がすまない

――まあ，色々ないい方はあるが，とにかく p 値がないと不安ということなのだろう．しかし，これらは逆にいえば――

- p 値さえあればいい！
- p 値さえあれば安心だ！
- 0.05 よりも小さければこっちのもの！

――と，統計処理において p 値は万能，p 値は最強キャラ，p 値は全知全能の神，p 値が 0.05 さえ下回れば研究は成功，とにかく p 値は出したもん勝ち…といっているのと同じことである――

「数字が語っているから間違いない！」

――p 値とはそんな言葉が大好きな人々にとっては最強の説得材料 (＝工作材料？　時にサギ材料？) なのであろう．本来 p 値は手段であり，目的ではないはずなのだが，そのような人々にとっては p 値を出すこと自体が目的になってしまっている．この事例は，p 値を求めることが目的化してしまった挙句，今度は必要のない場面にまで p 値を求めるまでにエスカレートしてしまった結果である．**初心者の皆様が医学・生物統計にはやたらと検定が多い…と思ってしまう大きな理由の一つでもあろう．**

❖ そもそも p 値とは何か？

　ならばそれほどまでに幅を利かせている p 値とは，皆様が信じて止まない p 値とはそもそも何なのだろうか？　実はその意味もわからないまま，単にソフトウェアにデータを放り込んで求めるだけで，0.05 を下回ることで盲目的に信じ込み，差があるのないのと騒ぎ立てている人々も決して少なくない p 値について，少し考えてみることにしよう．

　まず p 値とは，本書の冒頭でもお話ししたが，長くいえば probability 値，すべて英語で probability value（p-value）と呼ばれている．早い話が何かの確率であるということなので，その値は必ず 0～1 の間ということになる．では，おなじみの 0.05 という値や検定，さらにはこの p 値と呼ばれる確率の関係は一体何だろう？　現段階での知識をすべて動員して考えるならば——

「p 値とは，検定の結果得られる何かの確率で，0.05 よりも小さい（もしかしたら，小さければ小さいほどよい？）ことがありがたい存在である？」

　——ということになるのか？

　ならば，今度は検定とこの 0.05 というナゾの数字に迫ってみよう！

❖ 検定とは何か？

　検定とは英語でいえば test であり，goo 辞書によれば——

「基準を設け，それに合っているかどうかを検査して，合格・不合格・等級・価値などを定めること」

　——とある．

　たとえば英語検定でも，漢字検定でも，合否の判定のためには基準が存在する．基準は検定の種類や級によって異なるのだが，達していれば合格，未達であれば不合格と判定される．

　統計学における検定とは，統計的仮説検定のことであるが，やはりこれにも例外なく基準が存在することで，何らかの判定は行われる．では，実際に

検定の手順を眺めてみよう．

❖ 手順(1)　仮説は何か？

まずは皆様方の研究における仮説は何だろう？　たとえば——

❶ 開発中の抗癌剤は従来のものよりも効果があるはずだ
❷ 5回連続で表が出たから，このコインはイカサマであるはずだ
❸ 墨田区在住の成人男性の平均体重は中央区のそれとは異なるはずだ
❹ たこ焼きが好きな人は東京よりも大阪に多いはずだ

——というように，必ず研究のスタート時点で明らかにしたい事柄があるはずである．それを科学的に明らかにするためには，評価項目（endpoint）について科学的に比較を行わなければならない．では，比較の結果はどうなりそうか？　比較対象よりも大きい，小さい，比較対象と差がある…色々なパターンが考えられるかもしれないが，**医学・生物学では，生き物特有の交互作用ゆえに，その大小関係が不明であることが多い．**たとえば降圧剤だからといって必ず血圧が下がるという保証もなければ，ダイエット食品によって必ず体重が減少するという保証もない．研究者は効果がある（あってほしい）と思っていても，従来のものよりも効果がないなどということも十分にあり得るのだ．よって，どちらにブレるかわからないという意味で，仮説は「差がある」とするのが一般的である．

仮説例：「墨田区在住の成人男性の平均体重と中央区のそれには差がある（研究者の本音：あってほしいと思う）」．

❖ 手順(2)　差があることの証明

ならば，おなじみの仮説「差がある」ということで，前述の❸，墨田区の成人男性の平均体重と中央区の成人男性の平均体重の差があるかを検定してみよう．知識の先取りになるだろうが，皆様おなじみの t 検定の事例で考えてみる

ことにする．

　まずは研究計画だが，墨田区および中央区の成人男性全員を調べるのは時間および予算の都合で厳しいので，それぞれの区から無作為に抽出した100人ずつを比較してみることにする．平均体重に差がないということなので，すなわち——

「墨田区在住の成人男性100人の体重の平均値」−「中央区在住の成人男性100人の体重の平均値」≠ 0

——であればいいのか？　ならば，そのように思われる方にはあえて聞くが，両区から無作為に抽出された標本100人ずつの体重の平均値の差が，完全にゼロ（1 mgも異ならない）になることなどが起こり得るであろうか？　そんなことは絶対にあり得ないであろうし，たとえば平均値で1 g程度の差があったとしても，その差は「医学的に・臨床

Break 4　「差がある」とは？

　同じ人物の身長でさえも，朝と夕方では数ミリ程度は異なるといわれている．測定の時点が同じであったとしても，我が家の身長計と理化学研究所の光学測定器では，筆者の身長の測定結果も異なる結果となる（＝ゼロではない）のはいうまでもないが，それが「誤差ではない根本的な差」とはいえないことはいうまでもない．1か月後の体重が1 kg程度減少した，血圧が1 mmHg程度降下したからといって，それがダイエット食品や降圧剤の効果によるものであると主張したところで，認めてくれる人は皆無であろう．

　統計学的検定における「差がある」とは，差がゼロでなければよいという意味ではない．抽出の誤差ではない，母集団の違いによる決定的な差*があるという意味にほかならないのである．

＊決定的な差とは，測定する対象によって異なるのはいうまでもない．たとえば山の高さを比較しているときの1 cmの差などは根本的な差にはならないが，グラスファイバーの太さを計測するための測定器の性能における1 mmの差は根本的な差になる．

的に意味のある根本的な差」であるといえるのであろうか？ 今度また両区から新たに100人ずつの無作為抽出を行っても，本当にまた1g程度に落ち着くのだろうか？ 何度やっても平均値の差は1g程度に落ち着くのだろうか？

　いくら「差がない」といってみても，標本同士の差が完全にゼロになることはまずないのだから，何度やってもおそらく何らかの差は観測される．しかしながら，偶然の変動（＝誤差）レベルのごくわずかな差を医学的・常識的に「差がある」とは呼べない．差があるというためには，「意味のある根本的な差」の定義を事前に設定しておかなければ，直接的に差があることの証明はできない．たとえば先行研究の結果や過去の経験などから，差の大きさをある程度見積もることはできても，実際の差の大きさは，必ずしも見積もり通りになるわけではない．そもそも実際の差の大きさがわからないから研究によって明らかにしようとしているのに，どうすれば事前に設定できるのか？ …ハッキリいって矛盾ではないか？

　というわけで，どうやら直接「差がある」ことを証明することは不可能である．ならば，「差がないという仮説（＝帰無仮説）」を否定することで，一方の「差があるという仮説（＝対立仮説）」を肯定しようではないか…それこそが統計的検定の考え方なのである！ 高等学校の教科書にも出てきたと思うが，このような方法を背理法という．

❖ 手順（3）　「差がないという仮説（＝帰無仮説）」の否定

　ならば，どうすれば「差がない」という仮説を否定することができるのだろう？ そのためには，実験により得られたデータを要約して，検定のために必要な検定統計量を求めることから始める．このとき，比較するグループ間の平均値には差がないという仮説（＝帰無仮説が正しい）のもとで検討していることを忘れずに！ 前述の例でいうならば，墨田区在住の成人男性の平均体重と中央区のそれには差がないという前提で，検定統計量を算出するということである．

検定統計量とは

統計的仮説検定を行うための指標であり，おなじみの Student の t 検定（→ p.94）であれば，検定統計量は下記❶式で表される．

$$T = \frac{\overline{X_A} - \overline{X_B}}{S\sqrt{\frac{1}{n_A} + \frac{1}{n_B}}} \cdots ❶$$

X_A：A 群の平均値
X_B：B 群の平均値
S　：A 群および B 群の標準偏差（分散は等しい）
n_A：A 群の例数
n_B：B 群の例数

t 検定の目的は 2 群の平均値を比較することにあるが，❶式の分子が引き算により 2 群の平均値の差を求めていることは何となくご理解いただけるであろう．❶式の分母は，単に標本の症例数や分散（標準偏差）により補正を行っているだけである．

　検定統計量の求め方は，t 検定，χ^2 検定，Mann-Whitney の U 検定，分散分析，Log-rank 検定…などなど，検定方法により異なる．あらかじめ母集団の分布を想定するか（パラメトリック検定），しないか（ノンパラメトリック検定）によっても異なるが，検定統計量の値はゼロに近いほど p 値が大きくなる傾向がある．

❖ 手順（4）　その確率は…偶然か必然か？

　次に，帰無仮説が正しいという前提で，サンプル（この場合は両区の 100 人ずつ）から求められた検定統計量が得られる確率を求める．確率は基本的には，❶求められた検定統計量，❷選択した検定が参照する理論分布，❸自由度の 3 つの要素から求めるが，検定の種類によっては理論分布を参照せず，直接確率を計算する場合もある（Fisher の正確検定など [→ p.104]）．そのように求められた確率の大きさこそが p 値であり，求められた検定統計量の値か，もしくはより偏った値になる確率を示している．統計ソフトウェアを用いれば瞬時に計算してくれるが，そうでない場合は図 3-1（→ p.59）のような分布や，統計の書籍の巻末につき物である数値表から求める．

では，この p 値からどのような手順で差がないという仮説(＝帰無仮説)を否定するのだろう？ くどいようだが，現段階では「母集団の平均値には差がない(＝帰無仮説が正しい)」という前提で話をしている．

改めて p 値とは——

「比較している 2 群の母集団の平均値に差がないという前提で，求められた検定統計量の値か，もしくはもっと偏った値になる確率は○○(p 値の確率)です！」

——ということである．

では，p 値が次の 2 種類の確率の場合について，それぞれ考えてみよう．

❶ $p = 0.990$ のとき
「比較している 2 群の母集団の平均値に差がないという前提で，求められた検定統計量か，もしくはもっと偏った値になる確率は 0.99(99%)となる」

❷ $p = 0.010$ のとき
「比較している 2 群の母集団の平均値に差がないという前提で，求められた検定統計量か，もしくはもっと偏った値になる確率は 0.01(1%)となる」

❶は，理論上は 99% の確率で発生する事象が発生したということであり，理論上の確率を考慮すれば発生しても何ら不思議ではない．…というよりは，発生しなかったらおかしい確率である．一方❷は，理論上は 1% の確率で発生する事象が発生した…というよりは，理論上は 1% でしか発生しない事象が発生してしまったというほうが，おそらく適切ではないだろうか？

まあ，いずれにしても p 値は求められたということで，最後の手順に進むこととしよう！

❖ 手順(5) p 値と有意水準の比較

大きさはともかくとして，とにかく p 値は求められた．最後に，求められた p 値とあらかじめ事前に設定した有意水準とを比較することにより，ようやく結論となる．でも，有意水準とは何だろう？　有意とは読んで字のごとく「意味がある」？　ということは「意味がある水準」とは一体？

有意水準とは？

求められた確率(p 値)がもしも「その確率(例：0.05)」未満であるならば
- →比較した群の母集団の平均値に差がない（＝帰無仮説が正しい）にもかかわらず，偶然そのような小さな p 値になった

とはみなすべきではない！　むしろ
- →比較した群の母集団の平均値に差があった（＝帰無仮説が間違っていた）からこそ，検定統計量はそのような確率になったと考えるのが妥当である

と考えるべき水準のこと

文中の「その確率」には，医学・生物学では通常 0.05 が用いられる．0.05 には特に数学的な背景があるわけではなく，あくまで慣例として用いられているにすぎない．分野や研究によっては 0.1(10%) や 0.01(1%) などが用いられることがあり，「これ未満ならば偶然とみなすべきではない」確率に関する明確な基準などは存在しないのである．

なお，p 値と有意水準とは本来まったく別物なのだが，残念ながら p 値＝有意水準のように用いられている事例も実に多い．p 値とは検定統計量や自由度，分布などから算出される結果であり，有意水準とはあらかじめ「この確率以下ならば偶然とみなすべきではない」と定められた基準であるので，まったく別の概念である．

有意水準は特に断りのないかぎりは，自然科学では 0.05 を用いる．もしも求めた p 値が 0.05 を下回った場合には，「A 群と B 群には有意水準 0.05

で有意な差がみられる」と結論づけることができるが，0.05を下回らなかった場合には，「A群とB群には有意水準0.05で有意な差はみられない」と結論づけなければならない．

非常によくある話ではあるが，間違っても「A群とB群には差がある／差がない」などと言い切ってはならない．仮にp値が0.010となったとしても，確率1%の出来事が偶然に起きてしまった可能性は否定できないのである．それこそ1%未満，0.01%であっても，絶対に「差がある」と言い切ることはできず，それこそ全数調査をしないかぎりは不可能なのである．

ところが，生物・医学統計における母集団とは，社会調査のような母集団とは異なってくる．国勢調査がそうであるように，社会調査は時間とお金をかけさえすれば全数調査を行うことが可能であるが，生物・医学統計における母集団は「ヒト一般」が対象となる．つまり，時間やお金をかけることですべてを調べることができるわけではない．「普遍的な，生物学的なヒト」という仮説的無限母集団を対象としているがために，「差がある」と言い切ることができるような場面はまずないと思ってもよいだろう．

■ 検定統計量とp値の関係

再掲になるが，t検定の検定統計量 $T = \dfrac{\overline{X}_A - \overline{X}_B}{S\sqrt{\dfrac{1}{n_A} + \dfrac{1}{n_B}}}$ の分子は，A群とB群の平均値の差を計算している．このとき $\overline{X}_A > \overline{X}_B$ ならば検定統計量Tの値は $T > 0$ に，$\overline{X}_A < \overline{X}_B$ ならば $T < 0$ となり，$\overline{X}_A$ と $\overline{X}_B$ の差が大きければ大きいほど，原点0からの距離が大きくなる．

図3-1は「標準正規分布*」であり，t検定の適用時に参照する分布である．検定統計量が大きくなればなるほど原点0から右側の，小さくなればなるほど左側の値を取ることになる．「求められた検定統計量の値か，もしくはもっと偏った値になる確率」という表現の意味は，求められた検定統計量よりも外側の場合も考慮しなければならない

ということである．また，帰無仮説はA群とB群の母集団の平均値には「差がある」ので，$\overline{X}_A - \overline{X}_B$ および $\overline{X}_B - \overline{X}_A$ の両方について考慮する必要がある[**]．図3-1の網掛けの部分の面積を合計すると，一般的な有意水準の値である0.05となる．検定統計量が1.96よりも大きい（＝右側）か，もしくは－1.96よりも小さい（＝左側）の値を示したときに，「有意水準0.05で有意であった」と結論づけられる

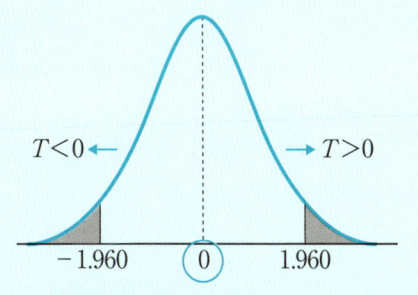

図3-1 原点からの距離が離れるほど p 値は小さくなる

[*] t 検定の適用時には t 分布を参照する必要があるが，サンプル数が十分大きい（片群25例以上程度）のであれば，標準正規分布によって近似しても結果はほとんど変わらない（詳細は4章を参照）
[**] 両側と片側（→ p.60）を参照

両側と片側

　生物・医学における統計ではどちらにブレるかわからないゆえ，対立仮説の立案時は「差がある」とするのが一般的である．差があるとは，A群の平均値（割合）≠ B群の平均値（割合）となることであり，それは大小関係がまったく予測できないような場合である．

　ところが，なかにはA群の平均値（割合）＞B群の平均値（割合），もしくはA群の平均値（割合）＜B群の平均値（割合）と，大小関係が明確か，もしくは研究の興味が一方にしかない場合もある．そのような場合には，完全に片方（大きくなる場合か小さくなる場合）の可能性を除外して検定を行うこともある．たとえば降圧剤を投与した後の血圧などは，**ほぼ投与前の血圧＞投与後の血圧となることが予想されるので，投与前の血圧＜投与後の血圧となるパターンは一切考えない**というような場合である．

　たとえば両側検定の場合は，検定統計量の値が図 3-2 の左図の斜線部分に入らなければ，$p < 0.05$ とはならない．左右対称の斜線部分の面積を合計すると 0.05 となり，この場合の面積は片側 0.025 ずつとなる．**つまり，検定統計量の値が 1.96 よりも大きいか，－1.96 よりも小さい場合にのみ $p < 0.05$ となる仕組みなのである．**

　一方，片側検定の場合は，完全に大きくなる（小さくなる）可能性を捨てて検定を行っているので，片方の可能性にのみ気を配ればよい．よって，右図の斜

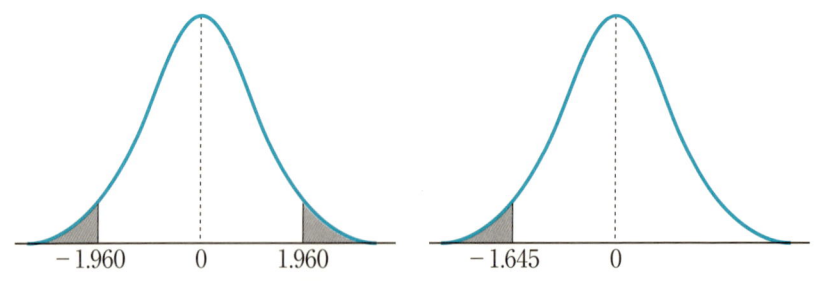

図 3-2　両側検定（左図）と片側検定（右図）．ともに標準正規分布

線部分は片側のみで面積が 0.05 となり，この場合は検定統計量が－1.645 よりも小さくなった場合に p＜0.05 となる仕組みである．

片側検定は両側検定と比較して，$p<0.05$ となる結果を導きやすい．それゆえ，両側検定を実施して $p<0.05$ にならなかったから，急きょ片側検定で $p<0.05$ となる結果を導いたというのは，よくあるインチキの方法である．

たとえばコインを 5 回連続で投げて，すべて表になる確率は $(\frac{1}{2})^5 = 0.03125$ となり，有意水準を 0.05 とした場合にはめったにない確率，すなわち片側検定ではイカサマコインの可能性があると考えることができるだろう．しかし，すべて裏になる確率も同様に 0.03125 となるため，すべてが表，もしくは裏になる確率は 0.0625 と，両側検定では「偶然の域を抜けない出来事」になってしまうのだ．時代劇の主人公も丁に賭け続けていて，もしも丁ばかりが出続けていれば「イカサマだ！」と叫ぶこともない．むしろ「今日はツイてるなぁ！」で話は終わりなのであろう．自身に都合の悪いことが続くと即イカサマと騒ぎ立てるが，自身に都合のよいことが続いた場合は「ツイてる」の一言で済んでしまうのは，パチンコをはじめとした現代のギャンブルにも通じるものがあるのだった．

❖ 統計的検定の流れ

繰り返しになるが，改めて統計的検定の流れをおなじみの t 検定を事例に考えてみよう．

やるべきこと	例
自身の問題意識 この2群には差があるのでは？	墨田区在住の成人男性の平均体重と中央区のそれには差があるはず？
仮説の設定（帰無仮説：H_0） 「この2群には差がない」とする	とりあえず，墨田区と中央区の成人男性の平均体重は同じ（差がない）であると考えよう
有意水準の決定（0.05） この確率以下なら「偶然ではない」と考える！	特に断りがない場合，有意水準は両側検定で0.05と決まっている．実験終了後の有意水準や検定方法の変更は厳禁！
検定統計量の算出（検定手法により異なる） 観測データから，判定のための指標（検定統計量）を求める	データに合致した統計手法（この場合はt検定）で，各手法に合致した検定統計量を求める
検定統計量からp値を求める 求められた検定統計量か，それ以上に偏った値になる確率を求める	検定統計量の大きさや，理論分布，自由度から確率を求める．求めた確率がp値である！

検定結果

p 値はあらかじめ定めた有意水準よりも…？

- 大きい➡帰無仮説を棄却できないので，結論は「有意ではない」
- 小さい➡帰無仮説を棄却できるので，対立仮説($H1$)である，「差がないとした帰無仮説が間違っていた」を採択

結論は「有意水準 0.05 で A 群，B 群には有意差がみられる（＝有意水準 0.05 で差があるといえる）」

p 値が小さい（＝検定統計量の値がゼロから離れている）場合には，比較した 2 群の母集団の平均値に差があるからと考える．小さな確率の出来事が，めったに起こり得ない確率で起こったと考えるのではなく，我々の帰無仮説が間違っていた（＝もともと母集団の平均値に差があった）から，検定統計量の値が大きくなったと考えるのが妥当

（でも，本当の真実は神様しか知らないし，しかも証明する方法がない．p 値が有意水準未満になったときには「有意水準〇〇で有意差があった」とするのは一種の予定調和．もちろん，差があると言い切るのは絶対にダメ！）

第3章 統計的推定・検定とは？

$\overline{X_A}$ X_AおよびX_Bの上についている棒は「バー」と読み、それぞれの群から観測された標本の平均値を示している． $\overline{X_B}$

墨田区の成人男性の体重の分布   中央区の成人男性の体重の分布

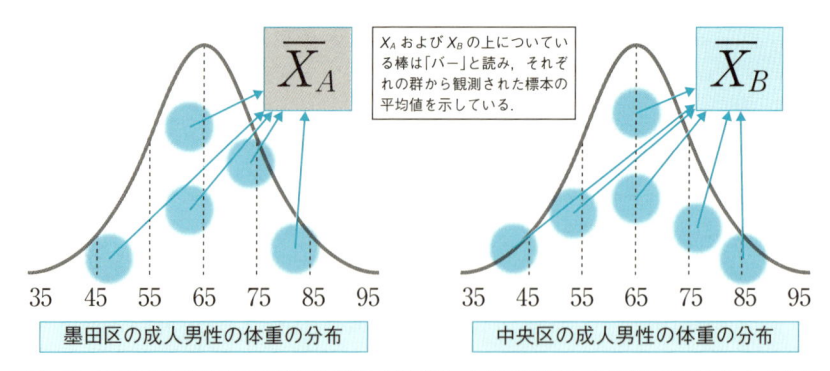

図 3-3　両方の母集団の平均値が等しければ，検定統計量 T の絶対値は小さくなる

　前述の事例を考える場合，本来ならば両区の成人男性のすべてを調べて平均値を算出すれば確かなのだが，かぎられた予算や時間的制約を考慮し，ここは100人ずつのサンプル抽出を行うと考えよう．大前提として，**サンプルは各区の成人男性全体から偏りなく抽出されている**ことが条件であり，もしもこの前提の下で両区の成人男性の体重には差がない（帰無仮説）のであれば，t 検定の検定統計量 T の**絶対値**（＝ゼロからの距離）は小さくなる（図3-3）．

　もしも両区の母集団そのものが異なっていれば，サンプルが偏りなく抽出されている場合，検定統計量 t の絶対値は大きくなる（図3-4）．

　ところが困ったパターンは，図3-5のような場合である．**本当は両区の母集団の平均値が等しいにもかかわらず，サンプル抽出時に偏ってしまった**ような場合には，検定統計量 T の絶対値は大きくなってしまう．この場合，たとえば墨田区におけるサンプル抽出が偏っていたとしても，ある種の思い込みやイメージ（力士や相撲部屋が多いなど）のために，研究者が結果の偏りに気づかないこともあったりする．

　つまり検定統計量 T の絶対値は――

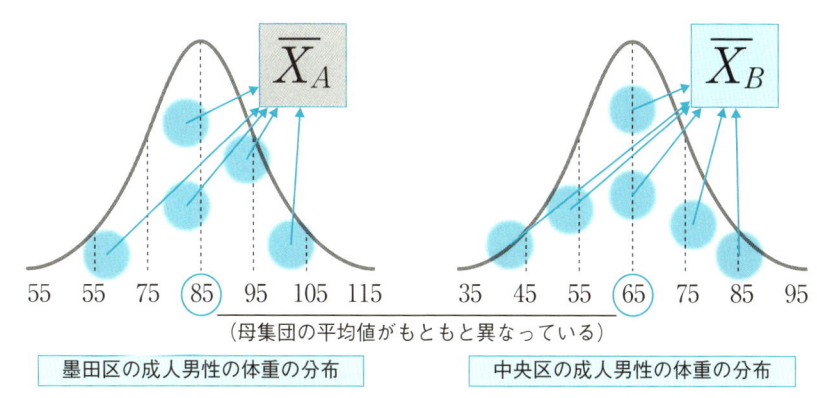

図 3-4　両方の母集団の平均値が異なれば，検定統計量 T の絶対値は大きくなる

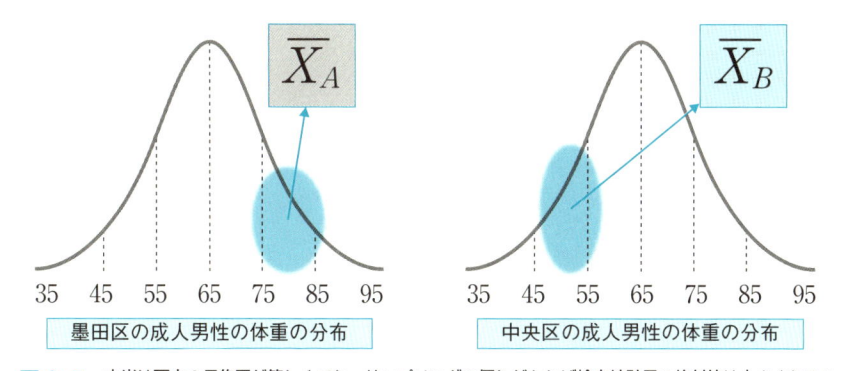

図 3-5　本当は両方の母集団が等しくても，サンプリングの偏りがあれば検定統計量の絶対値は大きくなる！

❶ 実際に母集団の平均値に差があった？
❷ 実際には母集団の平均値に差はないが，墨田区ではたまたま力士ばかりが抽出されてしまった？
❸ その他の理由（→ p.49）があった？

——いずれの理由にしても大きくなる．絶対値とはゼロからの距離であり，絶対値が大きいほどゼロからの距離は離れる，つまり，図 3-1 の影の部分に

近づいていく．図3-1は標準正規分布であり，**影の部分の面積をすべて足すと0.05，つまり，おなじみの有意水準の値になる．この場合は，t の値が1.96よりも大きいか，もしくは－1.96よりも小さい場合に影の部分になるということ，すなわち有意水準0.05で有意になる**ということである．図3-4のパターンのように，実際に母集団が異なっていて有意になるのであれば問題はないが，図3-5のパターンのように，サンプル抽出時の偏りによって偶然に有意になってしまうこともあるということである．

> **Break 5　第1種の過誤と第2種の過誤**
>
> 　こんな小さな可能性の出来事が偶然発生したのではない，帰無仮説が間違っていたと考えるべき確率（＝有意水準）は慣例的に0.05未満となっているが，裏を返せば，その確率未満であれば**「本当にわずかな確率で偶然の出来事が発生してしまうことを許している」**ということである．
> 　神のみぞ知る真実（神がいればの話だが）は「母集団の平均値に差がない」にもかかわらず，実際に p 値が偶然0.05を下回ってしまうこともある．このような現象は**第1種の過誤（通称 α エラー）**と呼ばれる．逆に，神のみぞ知る真実（いればの話だが）は「差がある」にもかかわらず，間違って p 値が0.05を上回ってしまうような現象は，**第2種の過誤（通称 β エラー）**と呼ばれる．
> 　α はおなじみの0.05だが，β は0.1～0.2程度に設定されることが多い．$1-\beta$ のことを「検出力」と呼び，これは，「本当は差があるものを見逃さない」確率のことを示している．α，β の両方を同時に小さくすることはできないので，通常は α を固定（0.05，0.01など）して，β を可能なかぎり小さくする方式が取られている．

2 依存症と戦う？
治療法は？

❖ 依存症の原因

　ようやく検定の原理やp値に関する長い説明が終わったところで，改めてp値依存について考えてみよう．なぜp値がそれほどまでに幅を利かせているのか，皆様はその理由を考えたことはあるだろうか？　実際には他の分野でもp値が幅を利かせている傾向はあるので，これは必ずしも医学・生物分野にかぎったことではない．相対的に（絶対的にではない），他の分野よりも検定や推定が若干多いのは確かだが，それは「生き物特有の変動」の存在による部分もある．しかし，必要以上に検定を繰り返している人々の存在により，検定が多いようにみえてしまう部分もあるにはあることは否定できない．

　結果については生物一般，生物学上のヒト一般で考えなければならないから仕方がないのである．だが，仮説とその検証というステップはどの分野でも共通であり，たとえば医学では臨床研究や臨床試験によって仮説の探索や検証を行うように，社会学や心理学でも社会調査や心理テストにより仮説の検証や探索を行っているのだ．ただし，いずれの分野においてもp値の用い方が適切であるかどうかは定かではないが…．

　有名なバンクーバー・グループによる投稿規定の国際基準である，「生物医学雑誌への統一投稿規程」によれば，「重要な定量的情報を提供せずに，p値の使用のような統計的仮説検定のみに依拠することは避ける」と記載がある．さらに国内でも，多くの統計学の先生方が「p値が0.05を下回ることにのみ一喜一憂することのないように」と注意喚起をされている．確かに重要な指標に違いないが，ここまでとらわれてしまうのはもはや異常事態であろう．依存症とは一種の病気であり，病気には何らかの発生原因がある．なかには原因不明の難病もあると思われるが，どのような病気にしてもその発症原因を考える必要はある．ならば，ここらで一発（？），なぜこんなにp値が幅を利かせているの

かを筆者なりに考えてみようと思う．

❖ 原因(1)　異質なものの受け入れができない

　1章の話(→ p.11)と多少重複してしまうが，初等・中等教育(小学校〜高等学校)における算数・数学のカリキュラムでは，四則演算を中心とした「明確な解」を求めることが中心に据えられている．たとえば1＋1はいつでも2であり，x^2の微分もいつでも$2x$になるというような定理や公式を覚え，それらを駆使して「明確な解」を導き出すことが要求されている．つまり，学校ではそれらの定理や公式を可能なかぎりたくさん覚え，上手に使いこなし，出題者の用意した「明確な解」を素早く見つけ出すことが求められてきた．マイナス×マイナスがなぜプラスになるかなどということはどうでもいい，とにかくたくさん覚えて，できるだけ素早く出題者の意図にこたえることがすべてだった．

　ところが，統計学においては100％「明確な解」は用意されておらず，自身で集めたデータから全体(＝母集団)を推定しなければならない．どれほどのロジックを積み重ねても，母集団をすべて調べないかぎりは100％「明確な解」が得られることはなく，しかも生物一般のような無限母集団に対しては調べることも不可能である．しかも定理や公式ではない，単なる**申し合わせ事項**により，「そんなまれな出来事がその程度の確率(p値)でたまたま発生したとは考え難いので，帰無仮説が間違っていたと**考えるようにしましょう！**」と，**数学には不似合いな「道徳的べき論」によって予定調和を図らなければならない．**つまり，統計学においては，従来までの教育において中心に据えられてきた数学とは明らかに性格が異なり，前述のような哲学的な側面および，数学には不似合いな部分をも意識しなければならないのである．そのような異質な部分は理解されることはないまま，**単に $p < 0.05$ ならばよいという部分だけが，いつの間にか独り歩きしてしまった結果ではないだろうか？**

❖ 原因（2）　線引き大好き

では，なぜ $p < 0.05$ の部分だけがクローズアップされたのであろうか？実は，統計的検定のプロセスにおいて，具体的に数値として示されているのが有意水準だけであり，ある意味マニュアルに乗っかりやすかったという側面が大きい…と筆者はみている．

そのように考えた理由として，筆者の経験上いくつか思い当たる話がある．次の❶〜❸は筆者が講義を行ったときに，学生や受講者から寄せられた質問の数々なのだが，皆様は何かにお気づきだろうか？――

> ❶ 筆者：t 分布は自由度が大きくなれば（＝サンプル数が大きくなれば）正規分布に近似できる ➡「サンプル数はいくつ以上ならばいいのですか？」
> ❷「相関が強いとは r がいくつ以上のことをいうのですか？」
> ❸「臨床試験は各群何症例以上で行えばいいのですか？」

――と，このような感じである．どの質問もすべて「具体的な数値（＝マニュアル）」を求めてくるのであるが，残念ながら前述の❶〜❸，すべてに対し具体的な数値は提示できない．1章から頻繁に登場するクレーマーは講義の最中に――

> 「提示できないのは筆者がバカだからだ！」

――などと，筆者が誰にも知られたくない秘密を暴露されてしまったのだが（？），恐らく筆者にかぎらず，誰も具体的な数値を提示することはできないだろう．

くどいようだが，0.05 というのはあくまで慣例による申し合わせであり，数学的には何の意味ももたない．さらにくどいようだが，p 値は結果に客観性をもたせるための手段であり，それを求めること自体は目的ではない．ところが，**p 値を求めることどころか，一部では $p < 0.05$ とすることが目的となってしまい**，いつの間にか，$p < 0.05$ という結果が実験や研究の成功の証のようになってしまった．求められた p 値が，単なる探索なのか綿密

なデザインを経ての検証なのか，母集団全体で 10,000 人規模の t 検定によるものなのか，両側検定でダメだったから片側検定で出したものなのか，χ^2 検定を 50 回繰り返して出てきたものなのか…そんなことは一切関係ない，とにかく出したもん勝ち…と，いつの間にか $p<0.05$ とすることが目的になってしまった．ちなみに別分野では有意水準を 0.1 に設定する場合もあり，その場合には当然，$p<0.1$ にすることが目的となる．もしも有意水準なる申し合わせ事項が存在しなければ——

「p 値というのはいくつ以下ならば小さいといえるのでしょうか？」

——というような質問が確実になされていることだろう．

ニューヨークの旅行ガイドが——

「100 番街以北のハーレムには危険だから近寄らないこと！」

——などといっていた記憶がある．今はもちろんそのようなことはないと思うのだが，それ以上に——

「ならば，99 番街までは行ってもよいのですね？」

——と，質問していた日本人留学生（遊学生？）の姿があまりにも印象に残っている．仮にこれで何かアクシデントでもあれば——

「100 番に行かなければ大丈夫だっていったじゃないか！」

——と，旅行会社にクレームでも入れるつもりなのだろうか？

「SAS を使えば大丈夫だっていったじゃないか！」

——もちろん，**適切にデザインされて適切に収集されたデータを，適切に解析すれば**…の話であるが…．信頼度の高いソフトウェアさえ使いさえ（使わせさえ？）すればよいというものではない．

❖ 原因（補足）　逆らえない部分

最後に，この章の冒頭で紹介したエピソードの後日談を一つ．全数調査の結果をまとめたものを，主任研究者の先生が某和文雑誌に投稿することになっ

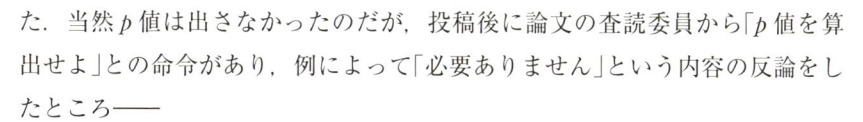

た．当然 p 値は出さなかったのだが，投稿後に論文の査読委員から「p 値を算出せよ」との命令があり，例によって「必要ありません」という内容の反論をしたところ——

「ならば reject（却下）する！」

——とのことであった．この和文雑誌は，その業界では比較的有名な雑誌で，それなりに権威があるというお話であった．参考までに，その論文をほかの英文雑誌に投稿したところ，なぜかアッサリと accept（掲載）されてしまった．

残念ながら，正しい研究デザインや統計処理を行っていたとしても，上からの命令には逆らえないということは日常的に発生しているということである．時に，学生が正しい統計処理をしているにもかかわらず指導教官により却下，というような事例もまた，これと同様の構造である．論文のように accept しないというのであれば，まだ別のジャーナルを選択するという方法もあるが，卒業させないとなると，別の大学を探すわけにもいかず，従わざるを得ないのは止むを得ない部分であろう．いきすぎると，一種のアカデミック・ハラスメントにもなりかねない．実はすべての人間が統計処理に無頓着なのではない．何とかしたいと思っていても，どうにもできない人々も多いのは間違いのないところであろう．筆者としては，社会学的階層論で研究してみたい構造ではあるが…？

❖ 依存症の治療方法

前述の話には，皆様がにわかには信じられないような事例を含んでいるかもしれないが，あくまで筆者は一切の脚色をしていない．多少極端な事例もあるにはあるが，それもまた真実なのである．そのぐらい信じられないことが起こっているということを，ぜひともご理解いただきたい．

そもそも p 値が科学的な説得力をもつ理由は，適切にデザインされた研究における，適切に収集されたデータに対し，適切に処理された結果であるという前提の元で保証されるからにほかならない．あくま

でp値は統計処理の結果得られるものである．しかしながら，統計処理の方法がどれほど正しくても，データそのものがおかしければ，やはり結果はおかしなものになる．どれほど一流の料理人が料理をしたところで，材料が腐っていれば食べた人が食中毒を起こしてしまうのと同じことである．逆に料理人は一流でなくとも，腐っていない材料であれば何とか食べることはできるのだから，**統計手法の間違いは研究デザインの間違いに比べればはるかに軽い間違いである．**

「結局どうすればp値依存はなくなるんだ？」

──厳しいツッコミがやってきそうであるが，話は簡単である．

研究デザインの重要性を知り，正しい研究デザインとは何かについて理解すること！

──にほかならない．

デザインの重要性については5章で語っているので，ぜひともそちらをご参照いただきたい．

▶▶▶ パラダイムシフト ❷ ▶▶▶

・過去に習ってきた数学とは異質な「予定調和」の考え方を受け入れる！

第 **4** 章

分布と検定

❶ **それでも理論は無視できない！**
数式＝悪役か？

❷ **分布と検定**
データに合致した作法を

第4章　分布と検定

1 それでも理論は無視できない！
数式＝悪役か？

　この章では，皆様が大嫌い（と思われる）な数式の出現頻度が多くなる予定である．いわゆる，数式を用いないといった統計学の教科書は市場にたくさん出回っているし，筆者も執筆要請を受けたことがある．統計学の初心者を相手にこれを用いればたちまち悪役であり（関係ないがTVドラマの悪役の先生もなぜか数学を筆頭に理系科目が多い）．まあ，そのぐらい嫌われている理論や数式であるが，実は筆者はそれほど嫌いではないし，**できれば嫌わないでほしいとも思っている．**

　確かにシグマ（Σ：総和）やインテグラル（∫：積分の記号）などをみると拒絶反応を起こしてしまう人々も多い．そんななかで統計の講義にいってみたところ，やはり数式の連発で，講師からは「数式を知らないほうが問題」「知らないやつは学ばなくてよい」と，これまた予想通り（？）の反応であったという経験をした方もいらっしゃるだろう．それでますます統計学を嫌いになり，ますます足が遠のいてしまった…というような悪循環に陥ってしまっている方は，もっといらっしゃるだろう．

　しかし（あくまで個人的な意見として），1章の話と少々重複するが，学習者の皆様にもまったく問題がないとはいえない部分も見受けられる．たとえば，ある統計の書籍を購入して読んでみたがまったく理解できなかった．そのような場合に即「著者に問題がある」「書き方が悪い」といってしまってもよいものだろうか？　確かに書き方や構成が悪く，わかりにくい書籍が市場に存在するのも事実である．しかしながら，（少々極端なお話だが）たとえば標準偏差の意味がわかっていない学習者がCoxの比例ハザードモデルの教科書を購入して，それを理解できなかった場合に著者のせいになるのだろうか？　Amazonにも書評なるコーナーがあり，しかも個人発のブログなどは無数にある．そのような人々の局地的評論活動によって，著者のモチベーションが下がってしまうことなどは日常茶飯事である．

学習者が自身にないものを求めるのは当たり前である．確かに初心者相手に必要以上に難解な数式を用いて悦に入るような指導者（？）も存在し，読者や受講者に理解してもらうよりも，自身の知識をひけらかすことが主体になってしまっているようなケースは，指導者としては気をつける部分である．しかしながら，書籍でも講義でもよいが，まずは自身のレベルを確認することから始める必要はないだろうか？　そのうえで，書籍や講義の批判を行うのであれば，理にかなった批判を行うべきなのではないだろうか？

数式は理解を助けるもの

まあ，いずれにしても悪役になりがちな数式や数学の指導者であるが，少なくとも数式を理解することは，皆様の理解の手助けになることだけは間違いない．ここまでの筆者の文章ではないが，数式を用いないとどうしても言い回しが冗長になってしまうものも，数式を用いることでシンプルな説明になる部分もあるということである．

学習者と指導者が，適切な数式や理論を共通言語としてもつことで，お互いに理解が進むことだけは紛れもない事実である．この章では，1章に引き続きなぜか悪役になってしまっている数式や理論について，少し考えてみたい．それでも，できるだけ数式を用いないようには努力はしてみようと…思っている．

まずは…パラメトリックとは？

パラメトリック（parametric）の意味は，「（形）パラメータの」とあるだけである．これだけでは意味不明なので，今度はパラメータの意味を調べてみると，これまた連続する値をもつ変数という説明のみであったりする．ということは，「パラメトリック検定」とは，連続する値をもつ変数の検定ということになるのか？　今度は『統計解析ハンドブック』（武藤眞介，朝倉書店，1995）でパラメトリック検定の意味を調べてみると――

「母集団の分布を特定し，測定値として連続量を想定する検定．

母集団の分布として正規分布が想定されることが多い」

——と記載されている．

分布を特定するとは，前章で説明した手順の1番目であり，これを無視して統計的検定は始まらない．つまり，集めたサンプルから——

「母集団は正規分布をしている」

——と，想定される場合に用いる検定手法にほかならない．**世の中に存在するあらゆるデータは，基本的に正規分布に従うはずである**という大前提のもとで行われる検定なのである．

復習になるが，確かデータには計量値と計数値があり，そのうち計数値は名義データと順序データがあった．データのもつ情報量は，確か計量値のほうが大きかったと思うのだが…忘れた人のために簡易版を再掲する．

> ▎**計数データ（質的データ）**
> 名義尺度：「男性，女性」「はい，いいえ」
> 順序尺度：「1. 非常によい，2. よい，3. どちらでもない，4. 悪い，5. 非常に悪い」「小結，関脇，大関，横綱」
> ▎**計量データ（量的データ）**
> 間隔尺度：「日付」「体温」「知能指数」．足し算・引き算OK
> 比例尺度：「身長」「体重」「血糖値」．加減乗除OK！

3章で「母集団の分布を想定」（→ p.57）と述べたが，ここにきてその真意がご理解いただけたであろうか？　サンプルから得られたデータの種類を確認し，続いて母集団の分布を想定する必要がある．たとえばデータが計量データの場合，まずは正規分布を想定し，それが確認されればパラメトリックな手法を用いることができるということである．もちろん，「想定外」となることもあるので，その際は正規分布に基づいたパラメトリックな方法を用いることはできない．

❖ ならば…ノンパラメトリックとは？

　ノンパラメトリック（non-parametric）は，英和辞典には掲載がない．接頭語の non は否定語，すなわち「パラメトリックではない検定」ということは，

「母集団の分布を特定せずに，測定値として非連続量を想定しない検定．母集団の分布として正規分布が想定されないことが多い」

ということになるのか？　またまた前述の『統計解析ハンドブック』によると

「母集団の分布を特定しなかったり，測定量が完全な量ではなく順序や度数として表されているデータを対象とする検定」

　——と定義されているので，どうやらほぼ正反対といってもいいだろう．

　サンプルのデータが計量データでなければ，正規分布を想定すること自体が不可能なので，この時点でパラメトリックな方法は用いてはならない．たとえ計量データであっても，正規分布するとはかぎらないので，もしも正規性が認められなければ，やはりパラメトリックな方法は用いてはならないのである．

　何でもかんでも t 検定…が許されない所以である！　ここでは，許される場合と許されない場合の両方について学んでみよう．

第4章 分布と検定

2 分布と検定
データに合致した作法を

　統計学においては，計量データの場合にはまずは正規分布を想定してということであったが，もしも計数データだったらどうするのだろう？ 順序データ，名義データ，2値データ…などなど，そろそろ疑問が出始めてくる頃ではないだろうか？

　t検定はt分布，χ^2検定はχ^2分布を参照するように，統計的検定の多くは理論分布を参照して確率を求めるものである．ここではおなじみの正規分布とともに，分布と検定に関する理解を進めていこう．

❖ スキマのある分布

ある事象，たとえば次の各事象の確率について考えてみよう．

> 事象1：サイコロを1つ振って1の目が出る確率
> 事象2：サイコロを1つ振って7の目が出る確率
> 事象3：サイコロを1つ振って1～6のいずれかの目が出る確率

　以上，バカにしているのか！ とお怒りになる方もいらっしゃるかもしれないが，とりあえず一緒に考えてほしい．まずは事象1について，1の目は6通りのうちの1通りなので，$\frac{1}{6}$となる．事象2は絶対にあり得ない話なので確率はゼロとなる．事象3は，サイコロを振れば必ずいずれかの目が出るので，$\frac{1}{6}$（各出目の確率）×6（通り）＝1となる．

　ここで，縦軸に確率を，横軸にすべての発生し得るパターンを書き出してみよう．まずはサイコロが1つの場合は，以下の図4-1左図のようになる．通常，確率は分数ではない，少数により表されるので，1÷6＝0.16…となる．

　次にサイコロが2つになった場合，出目は全部で1-1から6-6までの36通りが存在する．各出目の合計とそのときの出目のパターンをすべて書き出し

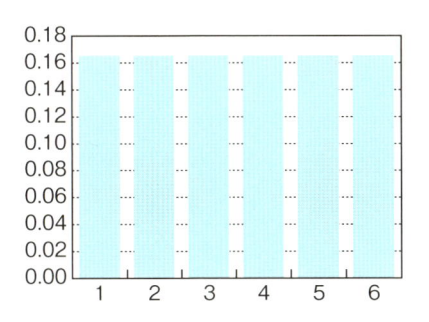

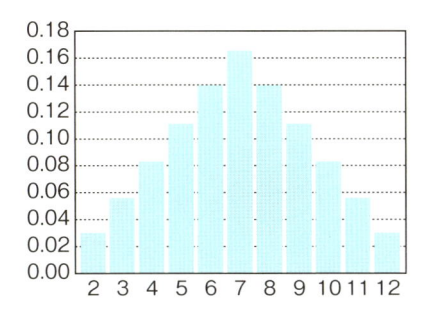

図 4-1　サイコロを 1 つ（左），2 つ（右）振った場合の確率（縦軸）と出目の合計（横軸）

てみよう．

> サイコロ 1 の出目，サイコロ 2 の出目
>   2：(1-1)
>   3：(1-2) (2-1)
>   4：(1-3) (2-2) (3-1)
>   5：(1-4) (2-3) (3-2) (4-1)
>   6：(1-5) (2-4) (3-3) (4-2) (5-1)
>   7：(1-6) (2-5) (3-4) (4-3) (5-2) (6-1)
>   8：(2-6) (3-5) (4-4) (5-3) (6-2)
>   9：(3-6) (4-5) (5-4) (6-3)
> 10：(4-6) (5-5) (6-4)
> 11：(5-6) (6-5)
> 12：(6-6)

たとえば出目の合計が 2 になる場合は $\frac{1}{36} = 0.027\cdots$ となり，これは 12 の場合も同様である．各出目の確率を計算してグラフ化すると，図 4-1 右図のようになり，これは 7 を境目に左右対称のグラフとなっているのが確認できるだろう．当たり前といわれてしまうかもしれないが，**出目はすべて整数**であり，1 個であれば 1～6 の，2 個であれば 2～12 のいずれかの値を取るしかない．

いずれにしても決まった値しか取り得ないため，たとえば3.5などという値は存在しないのである．このように，**決まりきった値しか取らない，スキマがあるような分布を離散分布**と呼び，サイコロの出目以外にも，通知表の5段階，コインの表裏，物事の成功・失敗，有効・無効などの確率はすべて離散分布である．なお，このときのサイコロの出目，成功・失敗，有効・無効など，取り得る値に対して事前に確率が与えられているような変数のことを，**確率変数**という．

❖ 丁か半か？ 〜二項分布〜

では本題．先程のサイコロについて，せっかくサイコロが2つあるのだから，時代劇でおなじみの丁半について考えてみよう．「ピンゾロ(1が2つ)の丁」「グニ(5と2)の半」などのいい方は聞き覚えがあると思うが，早い話が偶数ならば丁，奇数ならば半ということである．ある時代劇で丁に賭け続けた主人公が，なぜか半ばかりが出て負けてしまう話があったのだが，どうやら江戸時代の俗説によれば，「丁のほうが出やすいから，丁に賭け続ければ勝てる」などとマジメに考えられていたらしいのである．偶数と奇数，ともに半分ずつなのだから，そんなことはないはずなのだが…？ ということで，話の本線とは直接関係してこないが，この際だから検証してみよう．

（教訓：研究者は興味をもったことを放置しない）──

先程のサイコロの出目，36通りを丁と半で分割してみると，

丁(偶数)
　2：(1-1)
　4：(1-3) (2-2) (3-1)
　6：(1-5) (2-4) (3-3) (4-2)
　　　(5-1)
　8：(2-6) (3-5) (4-4) (5-3)
　　　(6-2)
10：(4-6) (5-5) (6-4)
12：(6-6)

半(奇数)
　3：(1-2) (2-1)
　5：(1-4) (2-3) (3-2) (4-1)
　7：(1-6) (2-5) (3-4) (4-3)
　　　(5-2) (6-1)
　9：(3-6) (4-5) (5-4) (6-3)
11：(5-6) (6-5)

　どうやら両方とも出方は18通りであるから，特に丁が有利などということは，それこそサイコロにイカサマでも仕込まないかぎりは考えられないだろう．ならば，なぜそのような俗説が出てきたのか，筆者の推測では——

❶ 丁(偶数)は2，4，6，8，10，12の6種類，半(奇数)は3，5，7，9，11の5種類だから，丁が出やすいと考えられている
❷ 組み合わせで考えると，丁は12通り，半は9通りだから丁が出やすい

——などと考えられていたことが原因ではないかと思う．「❷の意味が不明なんだけど？」という方は，以下のように考えてほしい．

丁(偶数)
　2：(1-1)
　4：(1-3) (2-2)
　6：(1-5) (2-4) (3-3)
　8：(2-6) (3-5) (4-4)
10：(4-6) (5-5)
12：(6-6)

半(奇数)
　3：(1-2)
　5：(1-4) (2-3)
　7：(1-6) (2-5) (3-4)
　9：(3-6) (4-5)
11：(5-6)

もともと同じサイコロを2つ振っているのだから，**サイコロ1，サイコ**

□2の区別はしていなかったのだろう．すると組み合わせ数は，丁が12通り，半が9通りとなる．それゆえ，丁は $\frac{12}{21} = \frac{4}{7}$，半は $\frac{9}{21} = \frac{3}{7}$ となるので，このあたりが俗説に通じるようになったのではないだろうか…と推測する．だが，実際の出方は丁半とも18通りずつであり，丁が出やすいなどというのは，思い込みにすぎないってコトである．

ならば時代劇の主人公よろしく，もしも数回半ばかりが出続けた場合は即イカサマなのだろうか？　その番組では4回ぐらいで「イカサマだ！」と騒いでいたのであるが，コレもせっかくなので計算してみることにしよう．丁半とも出現確率は $\frac{1}{2}$ なので，半が4連続する確率は $(\frac{1}{2})^4 = (\frac{1}{16}) = 0.0625$，おおよそ6.3％程度である．皆様もご存知の統計的有意水準と比較するならば6.3％＞5％となり，これは決してまれな事象ではない．よってこの賭場はイカサマではないということになる．

> ▶ **二項分布**
>
> 2つの事象しか発生し得ない場合，片方の事象の発生確率を p とすると，もう片方は $(1-p)$ で表される．n 回の試行のうち x 回発生する確率は次のようになる．
>
> $$_nC_x p^x (1-p)^{n-x} \quad \cdots \text{❶}$$
>
> また，x 回以下の場合は，
>
> $$\sum_{x=0}^{r} {}_nC_x p^x (1-p)^{n-x} \quad \cdots \text{❷}$$
>
> ――となる．たとえば，コインを8回投げて8回のうち1回だけ表が出る確率を考える場合（0回を含まない）は❶式より――
>
> $P = {}_8C_1 \times (0.5) \times (1-0.5)^{8-1} = 8 \times 0.5^8 = 0.03125$

——1回以下(0回も含む)の場合は❷式——
$P = {}_8C_0 \times (1-0.5)^8 + {}_8C_1 \times (0.5) \times (1-0.5)^{8-1} = 1 \times 0.5^8 + 8 \times 0.5^8 \fallingdotseq 0.03515$
となる．

*なお，n が大きいときには，平均値 np，分散 $np(1-p)$ の正規分布（→ p.86）に近似できるので，計算はこちらの方が楽だったりする．明確な数学的基準は存在しないものの，$np > 5$ であれば近似は可能であるとされる．

上記のうち❶は「1回だけ」であり，0回(＝1度も表が出ない)確率は含まれていない．一方，❷は「1回以下」であるため，1度も表が出ない確率も含まれる．通常は「1回しか出なかったときに，このコインは偏っているといえるか」というような棄却域を示すことが多いので，❷式のほうが多く用いられる．

❖ 非常にレアな確率 〜Poisson 分布〜

二項分布の場合，一方の確率が1/2から，まあ小さくても1/100程度ぐらいであることが想定されている．ところが，世の中には「まずないだろう」「自身には縁がないだろう」と思えるような小さな確率も存在するのである．参考までに，宝くじの1等が当選する確率(2009年ジャンボ)は 0.0000001(1/1千万)程度と，ほとんど無縁であるといってもよいだろう．医学の世界でもン千人に1人の「○○症候群」などの発症割合を示したりすることがあるが，これらは基本的に Poisson 分布である．筆者の場合は，ある親子丼の店の鶏肉の数について「Poisson 分布じゃねぇか！」などと，昼食時に悪態をついていたこともあったが，この場合の p はその店の鶏肉の配合割合である．

これらの考え方は，プロシア陸軍において馬に蹴られて死んだ兵士の数について語った，Bortkiewicz による1898年の論文が始まりらしいのだが…もともと二項分布を用いているのであれば，わざわざこんな別の分布をもってこなくてもいいじゃないか…という考え方もあるかもしれないが，まあ少しばかり

みてほしい.

> ### Poisson 分布
>
> 前述の二項分布に従うときに,非常にまれな確率 p である場合には
>
> $$\frac{e^{-m}m^x}{x!} \cdots ❸ \qquad (m = np)$$
>
> に従う.
>
> たとえば,当選確率 0.3%($\frac{3}{1000}$)のパチンコ台が,1,000 回転のうち 2 回大当たりする確率は $m = np = 0.003 \times 1000 = 3$, $e^{-3}\frac{3^2}{2!} = 0.2240$ となる.二項分布では
>
> $$_{1000}C_2 \times 0.003^2 \times (1-0.003)^{1000-2} \fallingdotseq 0.2241$$
>
> となり,実はほぼ同一の値になるのだが,n の値が大きいときは,Poisson 分布で計算するほうが楽だったりもする! なお,二項分布同様,「2 回以下」の場合には 1 回および 0 回の確率も計算して,すべて合計する必要がある.

Poisson 分布は,医薬の現場では PMS*(post marketing surveillance:製造販売後調査)などで用いられる.発生率 0.1% の副作用を 99% の確率で 1 例以上検出するためには,3,000 例の症例が必要である…のような形で用いられ,一般的に「未知の副作用」の発生率は 0.1% とされている.一般に,PMS における必要症例数は 3÷(副作用発生率)とされ,たとえば 1% であれば 3÷0.01 = 300 例などと計算される(rule of 3).

*PMS では,開発時の臨床試験では確認できなかった安全性や有効性について,より多くのサンプルを通じて確認することを目的として行うものである.rule of 3 とは,3÷副作用発生率で,99% の確率で 1 例は検出できる症例数の計算方法の通称である.

❖ スキマのない分布 〜連続分布〜

　以上，確率変数間にスキマがあることが離散分布であった．早い話が，スキマがなければ離散ではない．連続分布であるということである．身長や体重などに代表される計量値は連続分布である…と筆者が講座にて説明したところ，1章に登場したクレーマーいわく——

　「身長だって体重だって離散分布じゃないですか！　現に160.0cmと160.1cmだって，厳密には離れているではないか！」

　——ということであった．まあ，確かに点の集まりが線になるのだが，点はそれ自体幅をもたないものである．ならば，幅をもたない（＝0）ものが集まることでどうして幅をもつことになるのだ…と，最後には哲学になってしまう．筆者いわく——

　「では，貴殿の身体は160.0 cmと160.1 cmの間で途切れているのですか？　たとえば160.01 cmという概念は，貴殿の身体には存在しないのでしょうか？」

　——つまり，離散分布とは概念そのものが存在しないということである．サイコロの出目に小数という概念が存在しないというような，早い話が，その値を取ることは絶対にないということにほかならない．たとえば身長が160.01 cmである人，もしくは成長過程において一瞬でも160.01 cmであったことがあるという人は，間違いなく存在するだろう．計測していない，できないなどの理由で，あくまで表示をしていないから離散分布にみえるだけにすぎないのである．身長など日常的にはせいぜいミリ単位の計測ができれば事欠かないであろうし，たとえば芸能人のプロフィールでも，いわゆるスリーサイズなどをミリ単位まで求める人はおそらく皆無であろう．連続／離散とは表示上の問題ではない，あくまで概念としてその値が存在するか否か（存在させることが可能か不可能か）ということである．

❖ 正規分布 〜パラメトリックの「パラメータ」〜

　正規分布はあらゆる分布の基本となる分布であり，これをなくして統計学は語れない．どのような統計の書籍（本書を除く？）でも必ず前半に登場する，非常に大切な分布である．詳細は囲みを参照いただきたいが，平均値を μ，標準偏差を σ とした場合，以下の❶式によって示され，左右対称の釣鐘のような形をしている．$N(\mu, \sigma^2)$ のように表現され，これは平均値と標準偏差の値が決まれば式が決まることを意味している．

▶ **正規分布**

$$f(x) = \frac{1}{\sqrt{2\pi}\sigma} e^{-\frac{(x-\mu)^2}{2\sigma^2}} \cdots ❶$$

$e = 2.7183$，$\pi = 3.1415$ はおなじみの定数なので，あとは μ と σ 次第

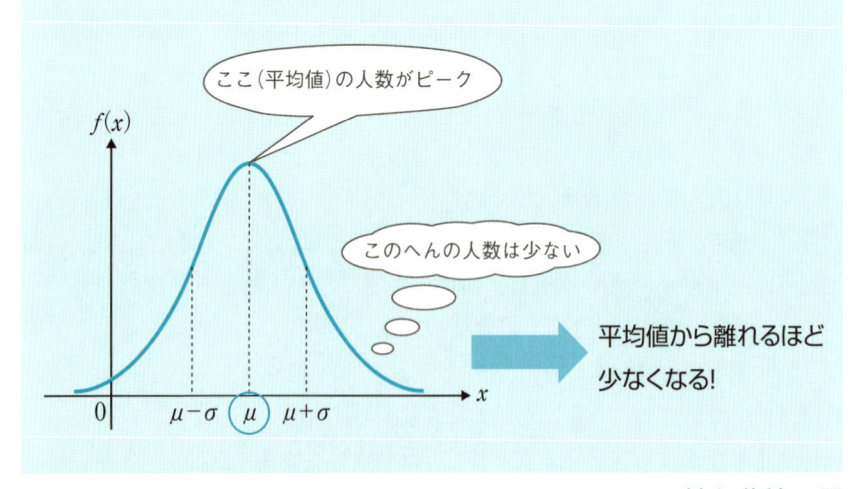

（ここ（平均値）の人数がピーク）
（このへんの人数は少ない）

➡ 平均値から離れるほど少なくなる！

横軸: $\mu-\sigma$，μ，$\mu+\sigma$

　グラフの縦軸，$f(x)$ は確率（構成割合）を示しているので，**x軸と曲線で囲まれた部分の面積の合計は1**となるが，これは，「すべての物事が発生し得る確率の合計」という意味になる．たとえば平均値 μ の人数が最も大きいが，平均値をピークとして，左もしくは右側にいけばいくほど人数はどんどん減っていく．標準偏差 σ の値が大きければ大きいほど，横に広く，小さいほど上に

尖ったような形になる．

標準正規分布

上記の❶式において $z = \dfrac{x - \mu}{\sigma}$ とすると，❶は——

$$f(z) = \dfrac{1}{\sqrt{2\pi}} e^{-\frac{z^2}{2}} \cdots ❷$$

——となる．これは標準正規分布と呼ばれ，次のようなグラフになる．

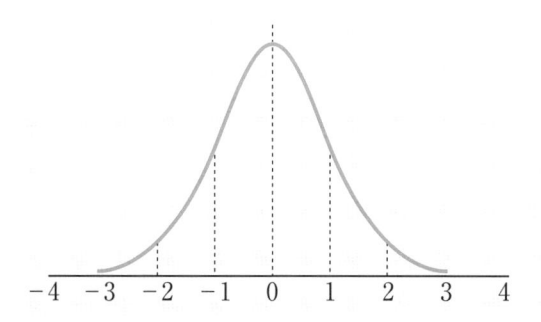

こちらも通常の正規分布同様，z 軸と曲線で囲まれた部分の面積の合計は 1 となる．横軸は確率変数(z)，縦軸は $f(z)$ となるが，z が以下の範囲のときの面積(＝確率)は以下の通りである．

$(-1 \leq z \leq 1) = 0.683$：平均値±標準偏差
$(-2 \leq z \leq 2) = 0.955$：平均値±標準偏差×2
$(-3 \leq z \leq 3) = 0.997$：平均値±標準偏差×3

どのような正規分布であっても，各値から平均値を引いて標準偏差で割れば，必ず平均＝0，標準偏差＝1の標準正規分布になり，このことを標準化するという．

考えてみたら，少しでも統計学を学ぼうとした人のなかで，正規分布という言葉や前述の式❶，❷をみたことがない人などは皆無であろう．しかしなが

ら，正規分布がどのように用いられて，なぜ重要とされているのかに関しては，むしろ知らない人のほうが多いような気がする．数式をみせられたところで，それを何に用いるのかさえわからなければ意味がない．**むしろ数式の意味などはそれほど理解できなくとも，その数式の用途さえ間違えなければよいという側面も，実は統計学にはあると思うのだが…？**

まず「正規分布に従う」とは，平均値から±標準偏差のなかに対象の68.3%，±標準偏差×2のなかには95.5%，±標準偏差×3のなかに99.7%が含まれるということである．たとえば1,000人の成人女性の身長の平均値が160 cm，標準偏差が10である場合——

> 150 cm～170 cmの人：68.3% ➡ 683人
> 140 cm～180 cmの人：95.5% ➡ 955人
> 130 cm～190 cmの人：99.7% ➡ 997人

——と計算される．190 cm以上の人や130 cm未満の人は，両方合わせて1,000人に3人程度となり，極めてまれな存在であることになる．身長をはじめとして，体重，光ファイバーの直径の測定誤差，全国規模の統一試験の得点など，正規分布に従うものは多い．たとえば「過去の」通知表の5段階は，クラスのうち——

> 5：7%　4：24%　3：38%　2：24%　1：7%

——と決められていた．全員頑張ったから全員5にしてあげるというような，現在の通知表のような**絶対評価**は認められず，かつての通知表は**相対評価**により必ず誰かに5を，誰かに1をつけなければならなかった．これらの構成割合をグラフ化してみると**図4-2**のようになるが，これも実は，もともと正規分布から構成割合を算出したものである．1と5，2と4は構成割合が同じにされているのも，実は正規分布から構成割合を決定されたという所以だったりするのだ．

ところが，世の中には正規分布をしてくれないようなシロモノもたくさん存在し，よりによって医学データには特に多い傾向がある．たとえば5章の**表**

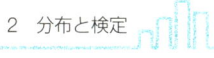

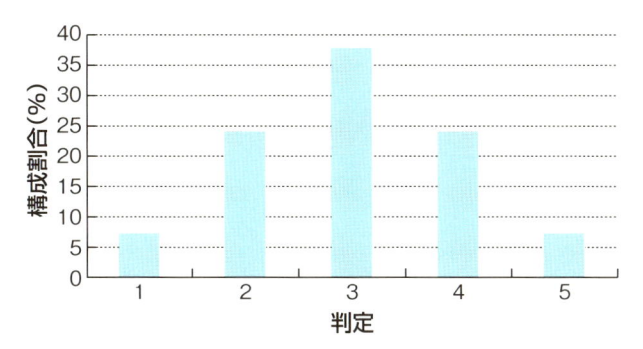

図 4-2　通知表の5段階の構成割合

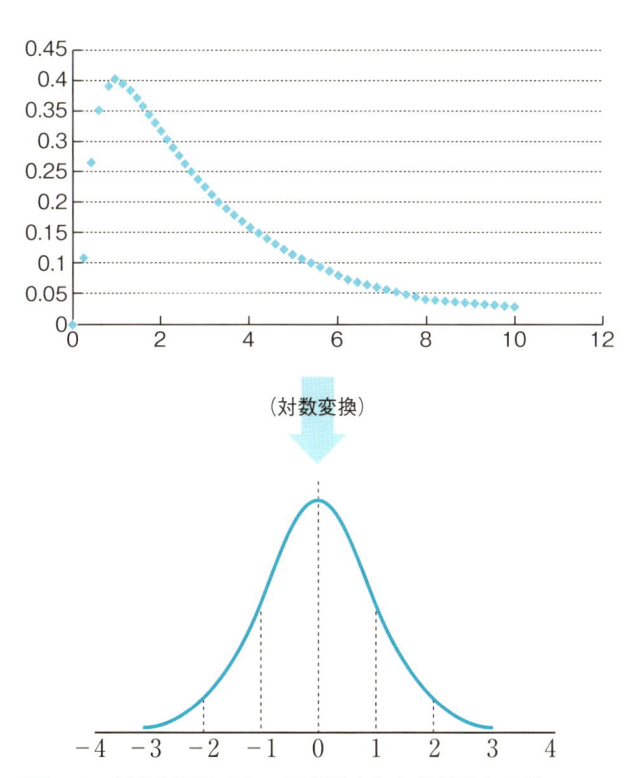

（対数変換）

図 4-3　対数を取ることで正規分布になる場合もある

5-2（→ p.118）で示すような，癌の腫瘍バイオマーカーであるALTやASTなどは正規分布どころか，右側に大きく裾を引いたようなグラフになってしまうことが多い（図4-3）．このような場合には**log（対数）変換を行うと，案外正規分布になったりする**ので，覚えておいて損はないだろう．異常なほど高い値や低い値（＝ハズレ値）があると，平均値は影響を受けてしまうので注意が必要である．2章の話ではないが，改めて「平均よければすべてよし」ではないことを認識しよう．

標準正規分布はさまざまな場面で利用されるが，特に95％信頼区間（→"はじめに"）などの区間推定や，おなじみの統計的仮説検定に用いられる．また，正規分布にかぎらず統計的仮説検定に用いられる連続分布は数多く存在するので，ここから何点か紹介する．

❖ t 分布 〜おなじみの t 検定で用いるのだけれども？〜

では，その t 分布とはどのような分布なのだろう？　そもそも**何に用いるのだろうか？**　とりあえず，図4-4のグラフをみていただきたい．先程の正規分布に**よく似ている**のだが，果たして別物なのだろうか？

Break 6　t 分布の提唱者

この理論の提唱者が論文投稿に用いたペンネームがStudentであり，世界記録を集めたギネスブックでも有名な，ギネス社の技術者William Gossetこそが Student の正体であった．Studentはペンネームで，Gossetは本名を隠して投稿してきたのだが…しかし解せない．そもそも論文投稿は名誉なこと，何でわざわざ名前を隠すのだろう？　自分の周辺にはロクに協力もしないくせに，単に上司，時には知り合いというだけで共著者に名前を入れろといってくる輩が多いのに…って？　実は守秘義務等の問題もあったため，会社から論文投稿が禁止されていたらしい．それでやむなくペンネームにしたというのが真相らしい．

2 分布と検定

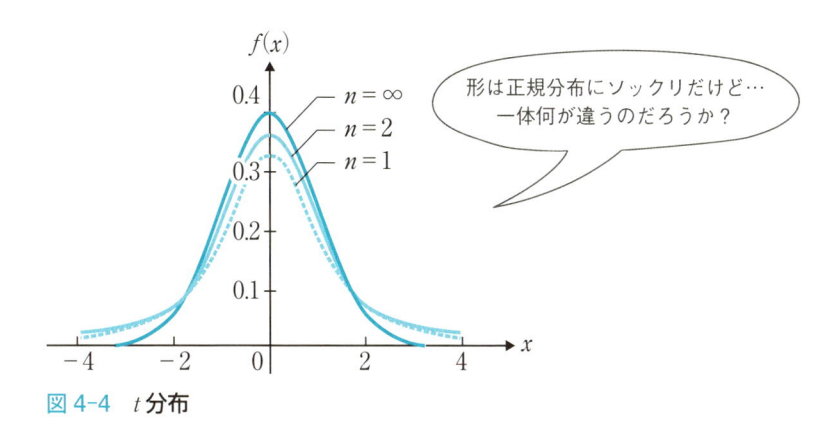

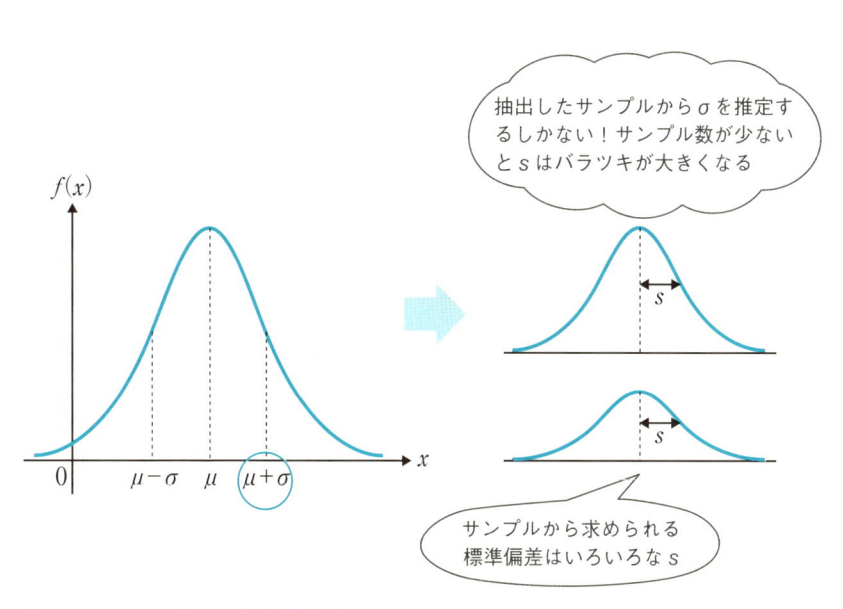

図 4-4 *t* 分布

図 4-5 σの値は未知か既知か？

今,母集団 x が正規分布 $N(\mu, \sigma)$ に従うとき,母集団 x から得られるサンプル数 n 個の標本集団も正規分布に従う.標本の平均 $\bar{x} = \frac{(X_1, X_2, \cdots, X_n)}{n}$ の平均値は μ,標準偏差は $\frac{\sigma}{\sqrt{n}}$(＝標準誤差)となる.もしも母集団の標準偏差 σ が事前にわかっていれば,標本集団も同様に正規分布 $N(\mu, \sigma)$ に従うと考えられる.ところが σ の値は未知であることが多く,取り出した標本集団の標準偏差の値 s を代用するしかない(図4-5).問題は s がどの程度 σ に近いかということであるが,標本の標準偏差 s は,**標本のサンプル数 n が少ないときにはバラツキやすくなるため,その場合は正規分布ではなく t 分布に従う.**また,サンプル数 n が大きくなると,s は σ に近似できるようになる.

皆様おなじみの t 検定にはこの分布を用いるのであるが,それは「サンプル数が少ないとき」である.サンプル数が少ないときには t 分布を参照するが,サンプル数が増加すると自然に正規分布に近似できる.前述の墨田区と中央区の事例など,各群100名ずつともなれば間違いなく正規近似である.t 分布は自由度(サンプル数に影響を受ける)により影響を受け,自由度＝∞の状態で正規分布と一致する.もしも大サンプルばかりであれば t 検定などは不要であり,すべて正規検定で事欠かないのである.

> **Break 7　自由度(degrees of freedom)とは？**
>
> 自由度とは,自由に動かせる値の数という意味であり,分布の形を決めるパラメータの一つである.**各群の症例数の和－群の数**により示され,たとえばA,Bの各群が10症例ずつであれば,自由度は10(症例)＋10(症例)－2(群)＝18となる.t 分布の形は**自由度が大きくなれば正規分布に近づく**とあるのは,**サンプル数が増えれば正規分布に近づく**ということである.
>
> また,$l \times m$ のクロス集計表であれば,自由度は $(l-1) \times (m-1)$ となり,たとえば2章の表2-7(→p.43)のような 2×5 表であれば,自由度は $(2-1) \times (5-1) = 4$ となる.

❖ t 検定 〜おなじみの 2 群パラメトリック検定手法〜

　おそらく，これほど有名な統計的検定は存在せず，多少なりとも統計学に興味をもった人であれば聞いたことがないはずはない．本書でもここまでに説明も抜きで何度となく登場しているが，特に違和感のあった方はいなかったのではないだろうか？　おそらく，前の章で墨田区と中央区の成人男性の平均体重の話をしても，それほど違和感はなかったのではないだろうか？　まあ，そのぐらい名前が有名であり，しかも Microsoft Excel でもできる手法だけに，むしろやったことのない人を探すほうが大変かもしれない．しかしながら，**どれだけの人々が適用条件を遵守して行っているのかは定かではない**．

　そもそも t 検定とは，2 群の平均値の差を求めるためのパラメトリック検定である．パラメトリックの定義に従い，**母集団が正規分布であることを前提**として用いられることが絶対条件であり，当然のことながら**計量データにしか用いることはできない**のはいうまでもない．さらには，得られたサンプルから母集団は正規分布していると想定されなければならないため，本来ならば正規性の検定後に用いられるべきものである（→ p.97）．巷に非常に多く見受けられる，「1.非常によい…5.非常に悪い」のような**カテゴリデータに対し用いるのは**，いうまでもなく誤用例である．

t 検定の検定統計量

母集団が正規分布すると仮定できれば，分散は異なっても問題ない．その場合は Welch の t 検定

$$T = \frac{\overline{X}_A - \overline{X}_B}{\sqrt{\dfrac{S_A^2}{n_A} + \dfrac{S_B^2}{n_B}}}$$

- X_A：A 群の平均値
- X_B：B 群の平均値
- S_A：A 群の標準偏差
- S_B：B 群の標準偏差
- n_A：A 群の症例数
- n_B：B 群の症例数

もしも等分散であれば，$S_A = S_B$ となるので Student の t 検定

$$T = \frac{\overline{X}_A - \overline{X}_B}{S\sqrt{\dfrac{1}{n_A} + \dfrac{1}{n_B}}}$$

＊Student の t 検定のほうが簡略化でき，検出力は高めである．

この場合の帰無仮説 (H_0) は「2 群の平均値には差がない（両側検定）」であるため，上記の検定統計量 $T = 0$ となる．対立仮説 (H_1) は「$T \neq 0$」であるが，**もちろん数学的にゼロでなければよいということではない．**前述したが，本当に意味のある差なのかということは非常に重要なのである．

この検定は t 分布と自由度を参照して検定統計量を求め，その確率から p 値を求める．ここで Student の T 式に注目すると，分母は S（標準偏差＝バラツキ）と n（サンプル数）に，分子は平均値の差にそれぞれ影響を受けることがわかる．2 群の平均値の差が大きいほど，検定統計量 T の値は大きくなり，バラツキ（標準偏差）が大きいほど小さくなる．**またサンプル数が大きければ分母はどんどん小さくなっていくので，たとえば平均値の差が小さくとも検定統計量 T は大きくなってしまう（前述のその他の理由）．**何よりもサンプル数が多ければ，まったく意味をなさないようなわずかな差であっても，検定統計量は大きくなるということ，すなわち，サンプル数さえ多ければ p 値は小さくなるということにほかならない．たとえば先の事例のように，18,000 人規模で t 検定を行えば p 値が小さくなることはまず間違いない．どこかの研究者（？）の言葉いわく──

「差が出るまで（＝有意になるまで）データを収集し続けろ！」

——とは，よくいったものであるが…．もちろん，研究の意味や説得力の有無は別物である．

❖ t 分布と t 検定

▶ **（復習）両側 0.05＝片側 0.025**
検定統計量は，通常は平均値が大きいほうから小さいほうを引き算するため，正の値で示されることが多い．そのときの棄却域は片側の確率（＝面積）が 0.025 ずつ，両側で 0.05 となるように設定される．正規分布も t 分布も左右は対象なので，両側検定＝片側（右側 or 左側）で 0.025 という意味になる．

図 4-6 の A 群は，東京都内のガソリンスタンド 10 件におけるガソリン 1 リッター当たりの価格を調べたものである．B 群は同様に群馬県藤岡市における価格である．集めたデータから自由度と検定統計量を求め，そのときの t 分布より棄却域を決定すると，図 4-7 のようになる（正規性の検定は割愛）．

Student の t 検定の検定統計量は前述の式より $T=2.918$，自由度 18 のときの t 分布で $\alpha=0.05$ となる検定統計量の値は，両側検定で $T=2.101$ となる．すなわち，$2.918 > 2.101$ と図 4-7 の灰色部分，すなわち棄却域に含まれるため，A 群と B 群は有意水準 0.05 で有意である（＝A 群と B 群には有意差がみられる）と結論づけることができる．両群 10 例程度と少数なので，標準正規分布におけるおなじみの 1.96 や −1.96 ではない点に注意されたい．つまり t 分布では，サンプル数が少ないときには正規分布よりも p 値は大きくなりやすい（＝有意になりにくい）ということである．くどいようだが，**くれぐれも「差がある」などといい切らないこと！**

なお，以上のプロセスは，統計ソフトウェアにデータをセットすれば，自動的に分布や自由度を参照して，検定統計量のみならず p 値まで算出してくれる．参考までに自由度 18，$T=2.918$ のときの Student の t 検定による p 値は $p=0.0091$，Welch の t 検定では $p=0.0092$ となり，Student の p 値が小さくな

	A群	B群
店舗1	112	119
店舗2	116	117
店舗3	114	114
店舗4	110	123
店舗5	108	125
店舗6	120	119
店舗7	109	115
店舗8	116	119
店舗9	115	124
店舗10	116	113
平均	113.6	118.8
標準偏差	3.78	4.18

図 4-6　サンプルデータと自由度から t 分布より検定統計量の値となる確率を求める

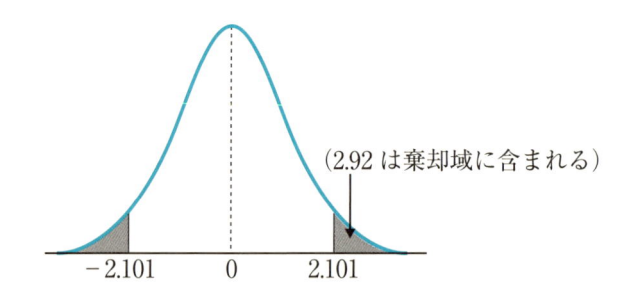

図 4-7　検定統計量が大きいか小さいかではない！「棄却域より内側か外側か」である！

る．すなわち，Student の t 検定のほうが「2 群の分散が等しい」という情報の分だけ，**検出力に優れている**ということである．

2 分布と検定

▶ 本来ならば…の意味

t 検定を用いる前には，本来ならば Shapiro-Wilk（シャピロ・ウィルク），Kolmogorov-Sumirnov（コルモゴロフ・スミルノフ）などの正規性の検定を行うことが推奨されている．

たとえば Kolmogorov-Sumirnov 検定は，まず得られたデータから平均値と標準偏差を求めて，

正規分布の理論式　$f(x) = \dfrac{1}{\sqrt{2\pi}\sigma} e^{-\dfrac{(x-\mu)^2}{2\sigma^2}}$　（μ：平均値，σ：標準偏差）

に当てはめてみる．この式から求められる値（理論値）に対する，実際のサンプルの適合度を求める．検定統計量は理論値との差であり，差が大きいほどサンプルのデータは正規分布からかけ離れていることになる．なお帰無仮説は「このデータは正規分布に従っている」なので，p > 0.05 の場合は帰無仮説を棄却できない．よってこのデータは正規分布であると推定されるので，t 検定を用いてもよいという解釈となる．

	A 群	B 群
店舗 1	112	119
店舗 2	116	117
店舗 3	114	114
店舗 4	110	123
店舗 5	108	125
店舗 6	120	119
店舗 7	109	115
店舗 8	116	119
店舗 9	115	124
店舗 10	116	113
平均	113.6	118.8
標準偏差	3.78	4.18

$\sigma = 3.78$

113.6　116.78

> (もしもA群が正規分布しているならば,店舗1〜店舗10のデータは正規分布上に乗っかってくるはず?)
>
> $$f(x) = \frac{1}{\sqrt{2\pi} \times 3.78} e^{-\frac{(x-113.6)^2}{2 \times (3.78)^2}}$$
>
> 実はt検定には頑強性(robust:ローバスト性)があり,たとえば正規や等分散の前提が崩れたとしても,いきなり結果が信用できないものになってしまうわけではない.しかも,サンプル数が多ければ正規分布で近似でき,逆に少なければ正規性の検定を通りやすくなるということで,いずれにしろ正規分布を用いる条件は満たしやすくなっている.本来ならばt検定を行う前に正規性の検定を行う必要があるが,特に行わなくとも,結果的にt検定の利用が許されていることが多いということである.

❖ F 分布 〜分散は等しいのか?〜

今,正規母集団$NA(\mu_A, S_A^2)$からm個の標本を抽出したとき,その分散をS_A^2とする.同様に正規母集団$NB(\mu_B, S_B^2)$からn個の標本の標本を抽出したとき,その分散をS_B^2とする.

このとき$F = \frac{S_A^2}{S_B^2}$(分散比)は自由度$m-1$, $n-1$のF分布に従う(図4-8).S_A, S_Bのうち値の大きいほうを分子とし,まずはFの値を求める.このとき帰無仮説は,「**NA, NBの2つの標本は,同一の母集団から抽出された**」である.S_A, S_Bの差が大きいほどF値は大きくなるので,それだけ分散比が大きい,すなわち,NAとNBは同一の母集団ではないという確率が大きくなると考える.この場合は分子,分母それぞれの自由度を参照する必要があり,自由度m, nのF分布は$F(m, n)$と記載される.たとえば$m=10$, $n=15$の場合には,$F(9, 14)$のように記載される.

F検定は,おなじみのt検定や後出の分散分析の実施時には欠かせないものである.たとえば前述の図4-6(ガソリンの価格)の事例であれば,各群10例

図 4-8 **F 分布**

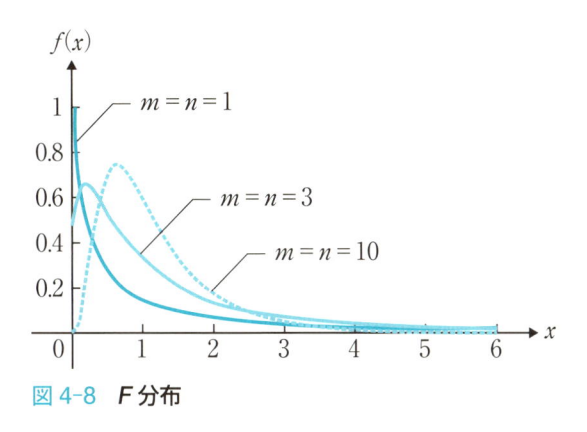

表 4-1 （参考）分散分析実行時の分散分析表

変動要因	偏差平方和	自由度	分散	分散比
群間変動	各群のデータ数×(各群の平均値－全体の平均値)^2 の和 $S_A = \sum_{i=1}^{k} n_i (\bar{x}_i - \bar{\bar{x}})^2$	df_A＝群数－1	$\sigma A^2 = \dfrac{S_A}{df_A}$	$\dfrac{\sigma A^2}{\sigma E^2}$
群内変動	(各値－各群の平均値)^2 の和 $S_E = \sum_{i=1}^{k} \sum_{j=1}^{ni} (x_{ii} - \bar{x}_j)^2$	df_E＝全データ数－群数	$\sigma E^2 = \dfrac{S_E}{df_E}$	
総変動	$S_T = S_A + S_E$	$df_A + df_E$		

ずつなので，F 分布は $F(9, 9)$ のものを参照する．分散比は $\dfrac{(4.18)^2}{(3.78)^2} = 1.223$，$F(9, 9)$ のときの有意確率（$\alpha = 0.05$）は 3.18 なので，1.223 < 3.18（内側）と，有意水準 0.05 で有意とはいえない．すなわち，**東京と群馬のガソリン価格の分散が異なっているとはいえない**と結論づけられる．さらに分散が異なっていないので，t 検定は Student の t 検定を用いることができる…とまでいうことができれば完璧であろう．

表 4-1 は分散分析を実施後に得られる，分散分析表である．分散分析は

ANOVA(analysis of variance)と呼ばれ，要素の数によって一元配置(one-way)，二元配置(two-way)などの種類がある．詳細は割愛するが，こちらは多群(3群以上)の検定に用いる手法であり，帰無仮説は「すべての群が等しい(すべての群は同一の母集団による標本)」となる．ただし，こちらの検定で有意になったとしても，あくまで，**すべての群が一律ではない**という程度である．研究の結論がこれで終了…というような研究はまず存在しないだろうと思うので，最終的には多重比較法などを用いて，再度，多数あるうちのどの群間に差があるのかを求める必要がある．分散分析や多重比較法に関しては，参考文献などをご参照いただきたい．

❖ χ^2分布　〜平均値からの距離〜

χ^2(カイじじょう)分布の定義は，標準正規分布 $N(0,1)$ に従う正規母集団から抽出した n 個の標本データの二乗和($Z = X_1^2 + X_2^2 + X_3^2 + \cdots + X_n^2$)の分布である．この統計量 Z は標本データ $x_1, x_2, x_3, \cdots x_n$ が**平均値0からどの程度距離があるか**を示しており，当然サンプル数 n が大きくなるほど大きな値となる．

図4-9に示されるように，χ^2分布の形は n の値により変化し，n が小さい

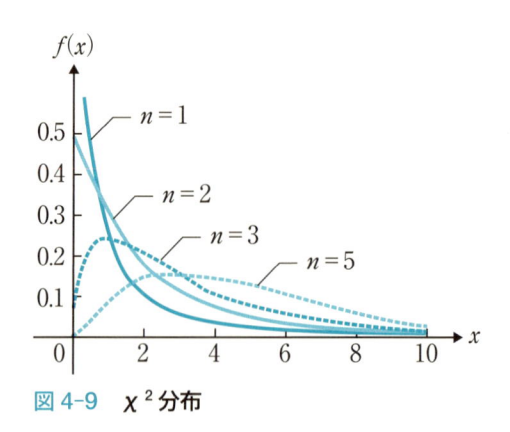

図4-9　χ^2分布

場合には右下がりの曲線となる($n=1, n=2$). ところがnが大きくなるにつれ, 徐々に左右対称な正規分布の形に近づくことがわかる. 自由度nのχ^2分布の母平均は$\mu=n$, 母分散は$\sigma^2=2n$で, 平均値は自由度nと一致する. この分布は, 適合度検定やクロス集計表の検定(独立性の検定)といったχ^2検定で用いられる.

これもt検定同様に有名な検定であり, かつての医学研究はほとんどがt検定かこれだったらしい. いずれにしても理論値と実測値の距離感(乖離度)を求めるということなので, おのおのの例題を通じて考えてみよう.

❖ χ^2 適合度検定

上記の適合度検定は, あらかじめ理論値が既知の場合の検定であり, たとえば「サイコロを60回振ったら1の目が20回出た. このサイコロの出目は偏っているといえるだろうか?」というような場合に用いるものである.

表4-2のうち理論通りの出目となったのは6の目だけであり, その他の出目はすべて理論通りではない. ここで求めたいのは, 理論値と実際の観測値はどの程度乖離しているかということなので, 例によって帰無仮説を「出目は偏っていない」として――

$$\chi^2 統計量 = 各\left\{\frac{(観測度数-期待度数)^2}{期待度数}\right\}の和$$
$$=\left\{\frac{(20-10)^2}{10}+\frac{(5-10)^2}{10}+\frac{(8-10)^2}{10}+\frac{(6-10)^2}{10}+\frac{(11-10)^2}{10}+\frac{(10-10)^2}{10}\right\}$$
$$=10+2.5+0.4+1.6+0.1+0=14.6$$

――と, 以上の計算になる. これは自由度5のχ^2分布に従い, そのときの

表4-2 出目は偏っている?

出目	1	2	3	4	5	6
回数	20	5	8	6	11	10
理論値	10	10	10	10	10	10

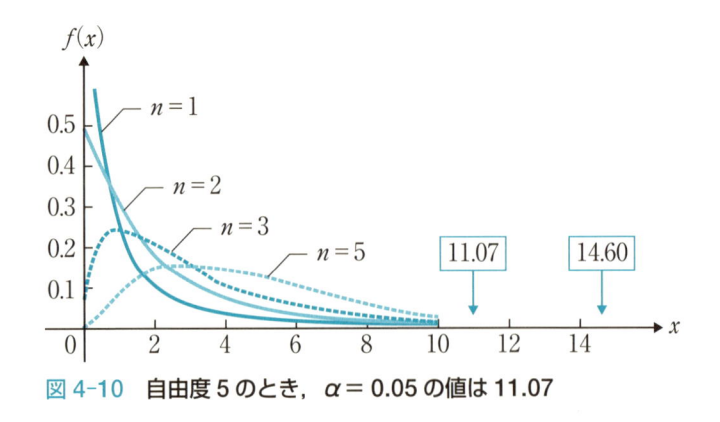

図 4-10　自由度5のとき，α＝0.05の値は11.07

0.05の値は11.07となるため，求められた観測値14.60＞11.07となる（図4-10）．すなわち，**サイコロの出目は有意水準0.05で有意に偏っている**と結論づけられる．

本書では取り上げないが，これは1標本のt検定のように，あらかじめ既知の値があるような場合に用いる手法である．

> ### 自由度（degrees of freedom）
> 表4-2で「自由度5」とはどういう意味か？　自由度とは，表を完成させるために必要な情報の数を示している．たとえばサイコロを60回振ったという情報があるなかで，すべての表の値を埋めるためには，60回－(1つを除いた5つの出目の情報)が必要であるという状態は，自由度5であるということである．この場合は，自由に決められる数が5個あれば，後の1つは勝手に決まる．

❖ χ^2 独立性の検定

いわゆるクロス集計表など，医学研究でおなじみのχ^2検定はこちらのことである．独立性の検定とは，各セルの出現頻度はすべて独立していて，ほかの

表4-3 薬の種類と効果には関係がない？

	効果あり	効果なし	合計
新薬	45(40)	15(20)	60
プラセボ	35(40)	25(20)	60
合計	80	40	120

情報には影響されないという意味である．

　表4-3は開発中の新薬についてプラセボとの比較を行った結果である．これらの結果から，独立性の検定(薬の種類と効果には関係がない＝新薬とプラセボの効果は同じである)を行ってみる．まず帰無仮説(H_0)は，**「新薬とプラセボの効果は同じである」**なので，もしも新薬に効果がないのであれば，各セルの理論上の値は(　)内の値となるはずである．「効果あり」が偶然80名に，「効果なし」が偶然に40名となったのであれば，「効果あり」の各セルは40名ずつ，「効果なし」の各セルは20名ずつになるはずなので——

$$\chi^2 統計量 = 各\left\{\frac{(観測度数-期待度数)^2}{期待度数}\right\} の和$$
$$=\left\{\frac{(45-40)^2}{40}+\frac{(35-40)^2}{40}\right\}+\left\{\frac{(15-20)^2}{20}+\frac{(25-20)^2}{20}\right\}$$
$$=0.625+0.625+1.25+1.25=3.75$$

——と，以上の計算になる．これは自由度1のχ^2分布に従い，そのときの有意水準$\alpha=0.05$の値は3.84となるため，求められた観測値3.75＜3.84となる．すなわち，**有意水準0.05でこの表における各セルの独立性は棄却できない(＝有意水準0.05で新薬に効果があるとはいえない)** と結論づけられる．

　以上，χ^2検定もFisherの正確検定も新薬orプラセボ×効果ありorなしなど，いわゆるカテゴリの名義データによる検定方法である．

■ χ^2 検定　余談

統計の初心者に知っている検定の名前を尋ねると，まずは t 検定，続いて χ^2 検定と回答する人が多い．1970 年代の後半，ある医学雑誌における検定手法は，実にこの 2 つの検定だけで 97% にもなったと，元国立医療科学院の丹後俊郎先生はレポートしている．

そのぐらい有名な検定なのだろうが，なぜか筆者の経験では「エックス二乗検定！」と自信満々にいわれたことも一度や二度ではない．いいたくなる気持ちはわかるが，これはローマ字ではない，あくまでギリシャ文字なので…

そういえば，昔某学会で「○○教授」が堂々と「エックス二乗検定」といっているのを聞いたことがあるが…うーん？

❖ 正確な確率（Fisher の正確検定）

　図 4-9，10 のどちらも，χ^2 分布の形は自由度 2 までは x, y 軸を漸近線とした曲線，自由度が 3 を超えたあたりから形状が変化していくのにお気づきだろうか？　こちらの χ^2 分布もまた，自由度が大きくなると徐々に正規分布に近づいていくという特徴があることは前述の通りである．

　詳細は割愛するが，実は χ^2 分布は期待度数が少ないところでは当てはまりが悪くなってしまうため，p 値が小さめに算出されてしまう．それだけ有意になりやすいのであれば，それに越したことはないだろうと考える方もいらっしゃるかもしれないが，基本的に統計学においてその考え方はもってはならない！　科学とは可能なかぎり厳しい条件下で再現性を求められるものであり，「あえて厳しい補正をしたけれども有意であった」というところで，大きな説得力をもつものである．**そもそも，p 値を小さくすることは研究の目的ではない**のだが…．

　正確検定とは，分布を参照せずに直接的に「表の確率」を求める方法である．表の確率とは一体…と悩む方が多いと思われるので，例題を通じて理解してみ

表4-4 まずは周辺を固める

	はい	いいえ	
東京	10	10	20
大阪	18	2	20
合計	28	12	40

よう．表4-4は東京と大阪で20人ずつにたこ焼きが好きか否かを聞いた結果である．東京と大阪では，たこ焼きが好きな割合に，有意な差があるといえるのだろうか？

　表の確率は，東京20人，大阪20人の計40人の人々が取り得るすべての組み合わせを分母として，表4-4かそれ以上に偏っているパターンになる表の組み合わせを分子として計算する．表4-4のようになる確率は，$\frac{20！20！28！12！}{40！10！10！18！2！} = 0.006283$ となる．これで $p < 0.05$ だから有意だ…とはいかない．

　まずは表4-4のうち一番偏っている（少数派）な数値に注目する．大阪でたこ焼きが好きではない2名が一番少数派なので，もっと偏っているパターンの確率を求める必要がある．もっと偏っているのは，1名および0名の場合なので，それぞれ以下の計算になる．このとき，**各都市でインタビューした人数（20名ずつ計40名）と「はい，いいえ」の合計はそのままにしておくこと．** 各都市のインタビュー数や合計は変更不可能なのはご理解いただけると思うが（変更すれば事実の歪曲），得られた「はい」と「いいえ」の合計人数を変更してはならない理由もある．あくまで「はい」が28人，「いいえ」が12人という条件のもとで，表のような形…かそれ以上に極端になる確率を計算する必要があるため，外側の合計は同一にしなければならない．同様に表4-5の確率は，$\frac{20！20！28！12！}{40！11！9！19！1！} = 0.000601$ となる．

　同様に表4-6の確率は，$\frac{20！20！28！12！}{40！12！8！20！0！} = 0.000023$ となる．この作業は注目したセルが0になるまで繰り返す必要があるため，仮に最も偏った数

第4章 分布と検定

表4-5 一番偏っている数値に注目して…もっと偏ったパターンをみる

	はい	いいえ	
東京	9	11	20
大阪	19	1	20
合計	28	12	40

表4-6 さらに偏っているパターンは…大阪にたこ焼き嫌いはいない？

	はい	いいえ	
東京	8	12	20
大阪	20	0	20
合計	28	12	40

値が4であった場合には5回，3であった場合には4回の演算を繰り返す必要がある．**期待度数の大きさが5未満のとき…という条件に従うのであれば，演算は最大で5回**ということになるかもしれないが，現在ではソフトウェアの発達により，2×2表ではすべてFisherの正確検定が求められる場合が多い．実際にSASなどは，2×2表の検定を行えば自動的に計算されるようになっているほどである．

結論は $0.006283 + 0.000601 + 0.000023 = 0.006907$ と，有意水準0.05で有意である．よって，東京と大阪では，たこ焼きが好きな割合に有意な差があるといえる．

以上，主な離散分布および連続分布を紹介した．やたらと数式は出てくるし，考え方は複雑だし…などなどの苦情が出てきてしまいそうだが，統計的推定や検定を理解するには，分布を**多少でも**理解しておく必要があるだろう．

統計的検定により p 値を求めるためには，**まずは母集団の分布を想定する必要がある．**母集団がどのような形であるかはわかっていないことが多いので，まずはサンプルから母集団の形を推測するのが手順であるが，実は**この段階でのルール違反が非常に目立っている．**本来はスキマがある分布にもかかわらず，スキマのない分布を想定した検定を行えば，当然のことながら求めた p 値には何の説得力もないだろう．そのような検定上のルール違反をしないためには，まずはどのような分布があるのかを知ることが，極めて重要なのである．

❖ Mann-Whitney の U 検定（計数・順序データの取り扱い）

繰り返しになるが，ノンパラメトリックとは，『統計解答ハンドブック』によれば――

「母集団の分布を特定**しなかった**り，測定量が完全な量ではなく順序や度数として表されているデータを対象とする検定」

――とあった．しなかったりという記載はあるものの，もちろん**特定できるのであれば特定して，パラメトリックな検定を行うのは常識**なので，くれぐれも揚げ足を取るようなことはしないよう．

では，特定できないとはどのような場合なのか．たとえば――

❶ 得られたサンプルから正規分布を確認できない
❷ そもそも正規分布に当てはめてはいけない順序カテゴリデータ

――以上のようなパターンが考えられる．❶は，5章のバイオマーカー（ASTやALT）のようなパターンであり，❷は同じく2章の p.37 のようなパターンである．特に，後者のような計数データに関しては，当てはめて t 検定を行うこと自体がナンセンスである．

表4-7は，A，Bの2クラスで合計10名の生徒が数学の試験を受けた結果をまとめたものである．変数 SCORE は得点，RANK は順位，FAILURE は合否で 40 点未満が不合格（＝赤点？）である．

たとえばA，Bの両クラス間で成績を比較したい場合に，仮に具体的な得点の情報があれば，（正規性などの条件次第だが）t 検定を用いることができる．もしも順位の情報しかなければ Mann-Whitney の U 検定まで，合否の情報しかなければ χ^2 検定による合格者の割合の検定までしか実施できない．

Mann-Whitney の U 検定は，2群のデータをすべて書き出して順位を付与し，順位に換算したデータを用いる検定方法である．具体的な得点差に関する情報は消失してしまうが，もともと求められる情報は順位だけなので，その分は使い勝手がよい検定方法である．

では，表4-7の2クラスについて，成績の差に有意差があるか否かを確認

表 4-7 情報量と検定

ID	CLASS	SCORE	RANK	FAILURE
001	A	4	10	1
002	A	40	7	0
003	A	62	5	0
004	A	79	4	0
005	A	28	9	1
006	B	100	1	0
007	B	39	8	1
008	B	90	2	0
009	B	58	6	0
010	B	89	3	0

1点差(2位〜3位)でも18点差(6位〜7位)でも順位差は1つ．60点差でも合格は合格，1点差でも不合格は不合格！

SCORE ➡ RANK ➡ FAILURE の順に情報量が少なくなっていくので，それだけ使える検定手法は少なくなる

点差情報の喪失

順位情報の喪失

(t 検定 ➡ Mann-Whitney ➡ χ^2)

してみよう．帰無仮説は例によって，**2つのクラスに成績の差はない**とする．では，順位の情報からどのように成績の差があることを証明したいのか…？　まずは，全体で高得点順(低得点順でもよい)に順位を付与し，各群別に順位の合計を求める(表 4-8)．

　順位の合計はA組が35，B組が20と，同じ5名ずつにもかかわらずB組のほうが小さい．1〜10の合計はおなじみの55なので，**もしも2クラスの成績に差がなければ，各クラスの順位和は理論上27.5程度が期待される**のではないか…ということで，例によってほかの検定よろしく，理論値と実測値を比較してみよう．Mann-Whitneyの U 検定の検定統計量(U)は次のようになるので——

表 4-8 順位に換算して全体での順位をみる

CLASS	SCORE	RANK	順位和	期待順位和
1	4	10		
1	40	7		
1	62	5	35	
1	79	4		
1	28	9		$\dfrac{55}{2}=27.5$
2	100	1		
2	39	8		
2	90	2	20	
2	58	6		
2	89	3		

$$U_A = n_A n_B + \frac{n_A(n_A+1)}{2} - T_A = 5 \times 5 + \frac{5(5+1)}{2} - 35 = 25 + 15 - 35 = 5$$

$$U_B = n_A n_B + \frac{n_B(n_B+1)}{2} - T_B = 5 \times 5 + \frac{5(5+1)}{2} - 20 = 25 + 15 - 20 = 20$$

(T_A：A 群の順位和，T_B：B 群の順位和，n_A：A 群の例数，n_B：B 群の例数)

——のように求められる．通常 U 値は小さいほうを参照するので，上記の $U_A = 5$ に注目する．片群 5 例と非常に少数のため，Mann-Whitney の検定表より $n1=5$，$n2=5$ のときの有意確率を求めると，有意水準 $\alpha = 0.05$ の場合の有意点は 2 となる．よって，この場合は 5＞2 と有意とはならなかったため，**A，B の 2 つのクラス間には有意水準 0.05 で成績差があるとはいえない**と結論づけられた．

❖ ノンパラメトリック検定　補足

　前述の Mann-Whitney の U 検定表は，基本的にはノンパラメトリック検定を取り扱っている統計の教科書には掲載されているが，正規分布表ほどどの書籍にも掲載されているというわけではない．近年では，順位和による検定は基本的には統計ソフトウェアを用いて行うという前提があるため，Mann-Whitney の U 検定表を用いる機会は激減している．参考までに，上記の検定における p 値は 0.1172，正規近似における p 値は 0.1437 といずれも有意ではない．参考までに正規近似はこのような小標本ではなく，片群おおよそ 25 例以上あれば t 検定の結果とほとんど大差がない．

　近年ではなかなかみる機会のない数表ではあるが，たとえばこの数表によれば片群が 1 例である場合には，たとえもう片群の症例数がどれほどであっても「検定不可能」であることが示されている．参考までに，片群の症例数が 2 例である場合には，もう片群が 8 例以上なければ検定は不可能であり，さらには 12 例以上なければどれほど偏った結果になったとしても，有意水準 0.05 で有意にはならない．どのような結果であれ p 値が算出可能になるのは片群 4 例以上，有意水準 0.05 で有意な結果を得るためには 5 例以上の症例数が必要になる．

　この検定で順位情報を無視して，「1. 非常によい，2. よい…」という情報を単なるカテゴリとして扱えば χ^2 検定を行うことも可能である．また，3 群以上のノンパラメトリックな方法としては Kruscal-Wallis の検定があるが，本書では説明していない．これはパラメトリック検定でいえば，一元配置分散分析に対応する検定であり，考え方は Mann-Whitney の U 検定とまったく同じなので，興味のある方は参考文献などをご参照願いたい．

　以上，本章ではそれなりに検定手法を紹介したが，いわゆる医学・生物統計の書籍にしては，説明している検定の種類は少ないだろう．せめて対応のある t 検定ぐらいは説明してくれてもよいのではないか…という声も上がってきそうだが，**本書は検定の本ではない**ので何卒ご理解いただきたい次第である．過去に，検定の考え方の理解に挫折してしまった方に，もしもここまで読

んでいただけているのであれば，筆者の目標は 50％程度達成と考えてもよい．
　残りの 50％は…最終章の**検定よりも大切な話**である．

▶▶▶ **パラダイムシフト ❸** ▶▶▶
・理論や数式は理解を助けるものであり混乱させるものではない．指導者は濫用せず，学習者は敵視せずの考えをもって歩み寄ろう！

第 5 章

医学研究のデザインとは？

1. **医学・生物統計学とは**
   読んで字のごとく「ナマモノ統計学」です！

2. **バイアスだらけ？**
   世の中ウソだらけ？

3. **研究デザインの重要性**
   行き当たりバッタリじゃないの？

第5章 医学研究のデザインとは？

1 医学・生物統計学とは
読んで字のごとく「ナマモノ統計学」です！

　いよいよ最終章，検定よりも大切なものの登場である．テクニカルな検定方法の技術論も重要には違いないが，それ以上に「**検定を行う価値のあるデータ・研究とは**」何であるかを，改めて認識いただきたいと思う．

❖ 生物統計学のいわれ方

　筆者はあえて生物統計学と記載しているが，実際には医学統計学，保健統計学，医療統計学，医薬統計学…さまざまな呼び方がある．名著『医学への統計学』（丹後俊郎，朝倉書店，1993）をはじめ，医学統計が主流になりつつあるが，考えてみたら英語では biometrics，もしくは biostatistics である．実は注意して用いていません…という場合もあるので，今一度整理整頓してみることにしよう．筆者の感覚および独断と偏見にて…．

> **Break 8　バイオマーカー（biomarker）**
>
> 　人間の健康状態を定量的に把握するための指標のことであり，数値化，定量化された指標のことをいう．たとえば肝硬変や肝臓癌と ALP，生活習慣病とコレステロール値などの関係においては，ALP やコレステロール値がこれに該当する．また，直接自覚症状としては現れなくとも，臨床検査値などは身体の状態を把握するための，まさしく代表的なバイオマーカーである．前述のものは従来までの主要なバイオマーカーであるが，現在は特定遺伝子の有無や mRNA の発現量など，新たなバイオマーカーとなるべく指標の研究も進んでいる．たとえば，医薬品の薬効と遺伝子の一塩基多型（SNP：single nucleotide polymorphisms）の関係など，すでに解明されているものもある．有名なのは，CYP2C9 の多型（*1～*3 型）と Warfarin の投与量の関係で，*3 型の持ち主に対しての投与量は少なくてもよいことが知られている．

表 5-1　こんなにある日本語

呼び方	領域	内容
生物統計学	医学・生物学・農学	基本的にバイオマーカーや臨床検査値，臨床症状といった医学データの色が濃いが，農学分野やバイオインフォマティクス，ゲノム，遺伝子解析なども含まれる場合が多い．近年では，「遺伝統計学」なる用語が独立して用いられる．これが最も広範な呼び方であり，英語はこれに対応している
医学統計学	医学	医学データの取り扱いに特化しているが，臨床試験や薬効などもここに含まれるパターンが多い．バイオインフォマティクスなどの遺伝子解析は含まれないが，遺伝子情報をバイオマーカーとした場合の解析手法などは含まれる
医療統計学	医学	医学統計学と同様に扱われることが多い
医薬統計学	医学・薬学	医学統計学と同様に扱われることが多いが，特に薬学（薬物動態など）に特化したデータの取り扱いを含むことが多い．臨床試験のデータ解析などは，医療統計学，もしくはここにカテゴライズされることが多い
保健統計学	保健学	内容は医学統計学とそれほど変わらないが，看護向けの参考書などではこのように記載されることがある．バイオマーカーよりも，厚生労働省のデータなどの取り扱いが多い傾向．生存時間解析などは含まないことが多い

　呼び方は色々とあると思うが，あえて「生物統計学」と呼ぶことにしよう（表5-1）．バイオマーカーや臨床検査値，臨床症状といった現在主流のデータ以外にも，今後は遺伝子データなどを扱う場面が確実に増えてくると思われるので，あえて「生物統計学」と呼ぶことにする．もう一つ，いざデータを扱ってみると，読んで字のごとく本当に「ナマモノ」だったりすることも，実は大きな理由なのであった！　筆者はもともとマーケティングや社会調査法で，初めて統計と本格的に向き合ったのだが，ズバリ，臨床データは非常に扱い難いものである．簡単な特徴として――

❶ ガチガチに規則で守られているものもある
❷ とてつもなく高い(もしくは低い)値(=ハズレ値)が多い
❸ 欠損値が多い
❹ 解析を急がなければならない

──と,いったところだろうか.

❖ 研究の種類(臨床研究,臨床試験,治験?)

　皆様が結構曖昧に用いている臨床研究や治験のお話.基本的にヒトを対象として疾病の予防方法や診断方法,治療方法の改善,疾病原因や病態の理解,患者のQOL向上などを目的として実施されるものはすべてが臨床研究である.医薬品のseedを探したり,マウスを相手に実験をしたりするphaseが前臨床といわれる理由は,まだヒトを対象としていないからにほかならない.臨床研究には,ヒト由来の細胞や組織(流行の遺伝子解析など)を用いる,いわゆるwet系の研究も含まれるが,**特にヒトの集団を用いて行う場合にはそれらは疫学研究**になる.

　また疫学研究のうち,対象集団を複数群に分けて,それぞれの群に異なった治療や薬剤を与えて**比較を行う研究を臨床試験**と呼ぶ.さらに臨床試験のうち,薬剤(医療機器)の承認を得ることを目的として有効性や安全性を確認するものは**治験**と分類される.このなかで,一番厳しいのは治験であり,いわゆる**医薬品の臨床試験の実施の基準**(GCP:good clinical practice)および薬事法により厳重に規定されている.臨床試験はすべて開始前にIRB(institutional review board:治験審査委員会)の承認を得る必要があり,UMIN(university hospital medical information network)などの臨床試験データベースに登録する必要があり,さらに,医薬品医療機器総合機構に治験届を提出しなければならない.

❖ イカサマ禁止！

表5-2は，実際に筆者がかかわった肝臓癌と遺伝子の関連解析のプロジェクトのデータを，若干脚色（そのまま出すのは問題になるので）したものである．どの値も非常にバラツキが激しく，まあ正規分布には程遠いシロモノであるから，前述の❷，❸を完全に満たしてしまっている．お世辞にもきれいなデータとはいい難いものが多く，実際にこんなデータのほうが多かったりするのだ．こうなると，皆様の好きな平均値などは求めたところで何の役にも立たなくなる．そもそも解析以前に，どうやってデータの特徴をつかめばよいのだろう…？　とにかく扱いに困るデータが多いのも臨床データの特徴といえよう．

たとえばマーケティングの統計解析などでは，やたらと欠損値の多いデータは時に意図的に消去されることがある．それどころか，都合の悪いデータが消去されることさえもあり，ある意味堂々とイカサマがまかり通っている場合もある．ならばこの論法で，表5-2のPATID＝5の患者はやたらと欠損値が多いから消してしまえ（＝最初からいなかったことにしてしまえ！）ということに…はいかないのである．それは….

まず，図5-1の一番内側，新薬を開発するための治験の場合「医薬品の臨床試験の実施の基準に関する省令（平成9年3月27日　厚生省令第28号）」において公布された，「医薬品の臨床試験の実施の基準（GCP）」によりガチガチに守られているため，もしも都合の悪いデータを削除するような真似をしてしまえば，立派な（？）薬事法違反となる．また臨床試験ではない，医師主導の臨床研究（内側から2〜3番目）であっても，近年では医学雑誌編集者国際委員会（ICMJE）により，医学雑誌に投稿される臨床試験については事前にプロトコル（手順書）の登録・公開を義務づけるよう呼びかけている．事前に，たとえばUMIN-CTR（臨床試験登録システム）などの臨床試験登録機関に登録のない試験は，どのような素晴らしい結果になっても論文には掲載されることはない．いや，それ以前に治験審査委員会（IRB）から臨床研究の実施許可が下りないであろう．晴れて登録されてスタートした臨床研究は，患者の登録も何名のエントリーがあり，何名がどの時点で離脱し…というような情報についても報告す

表5-2 解析に困る(?)データ

PATID	AFP	PIVKA Ⅱ	AST	ALT
1	136340	4940	69	62
2	7.5	63	3933335383287619832	272225292053355827
3	37.9	416	65	80
4		22	29	
5	72.4	1930		
6	3791	95	25	28
7		16	33	
8	23960	338000	91	26
9	11.5		28	23
10	29950	288	60176366	767068
11	2700	38	2451	1731
12	7.2			146
13	6.9	14	1720	1114
14		22	60	
15	15.6	1120	10554134485	12251132151
16	5.4	5450	23	23
17	148.7	1830	105126	7346
18	5063	631	63	53

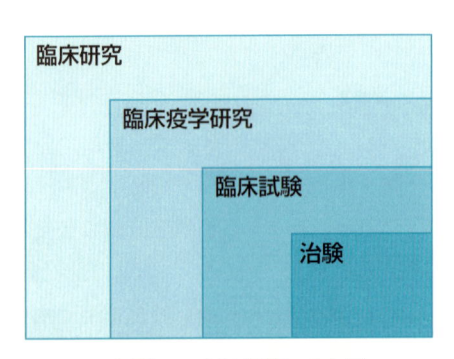

図5-1 内側にいくほど厳しくなる
(臨床研究人材教育コンソーシアムのHPより)

る義務があり，都合の悪い患者やデータを「なかったことに」というわけにはいかないのである．非常に面倒臭いシステムかもしれないが，なぜこうなったのか…？

　実際に以前の臨床研究では，実施中に結果の一部などが公表されることもなく，結果報告の時点でプロトコル（試験計画書）と併せて明らかにされることが多かった．加えて研究のスポンサーや論文の広告主との利害関係もあり，研究者やスポンサーにとって都合のよい結果のみが論文として公表されてしまうようなことも多々あったのである．そこでICMJEの提唱により，事前の登録が呼びかけられるようになった次第である．自社のマーケティングのためであれば，都合の悪いデータを隠すのも自己責任（例：自社の売り上げが減少するなど）で片づいてしまうだろうが，GCPに則った臨床試験でそれをやったら…時に重大な副作用により命が奪われてしまいかねない．GCPに則った臨床試験でない，医師主導型の臨床研究であっても同様に結果は論文となって世に公表されるのであり，コレもまた「自己責任」では済まなくなってしまうのだ．どれほど正規分布から程遠く，つかみどころのないデータで，欠損値がやたらと多い場合でも，勝手に追放してはならないということである．やはり人の命が掛かっている分，それだけ規則も厳しくなるということにほかならない．

❖ ナマモノ統計学？

　今，世界で一番売れている医薬品は何だろう？　答えは高脂血症用剤のアトルバスタチン（リピトール®）で，2007年の1年間で136億8千2百万US$を売り上げており，これは1日当たり3,779万US$の計算となる．昨今の円高傾向はあるものの，1US$ = 100円として計算すると…何と1日37億7,900万円にもなる．なぜこんなに売れるのだろうか…？　ということで，この辺で少し医薬品開発の経済的事情を考えてみることにしよう．薬剤経済学，早い話が医薬品の利益構造についてである（図5-2）．

　すべての医薬品は，特許権により一定期間は競争相手を排除して，独占的に販売して儲けることが認められている．特許期間は，基本的に特許を出願した

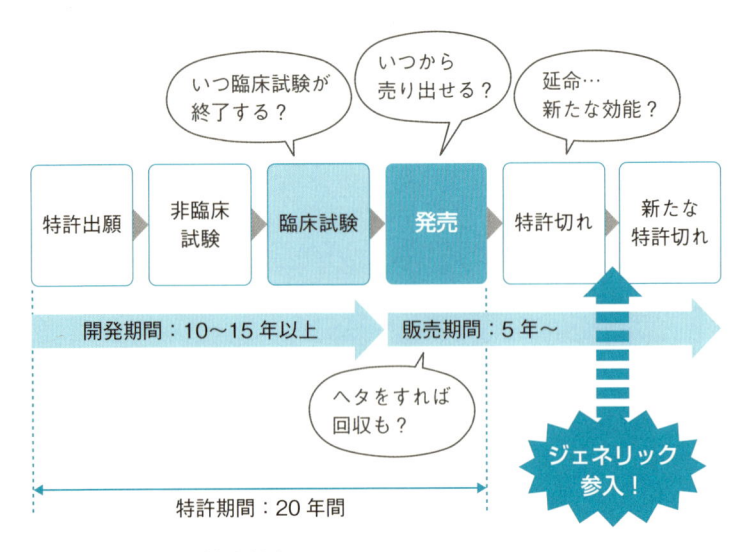

図5-2 医薬品の特許制度

日から20年間と定められているものの，20年間丸々と儲けられるわけではない．医薬品の場合，特許となる新物質を発見してからまずは非臨床試験，そして臨床試験を経て承認を受けるまでにおおよそ10〜15年程度の歳月を要する．しかも特許の出願は非臨床試験以前にしなければならず，特許期間はそこからカウントダウンが始まってしまう．結局，特許期間20年間のうち10〜15年は利益を出すことはできず，晴れて新薬が発売されたときには，特許期間は残り5〜10年程度，補償制度によって5年間の延長があったとしても，残り期間は最大でも10〜15年である．

さらに特許期限が切れると，今度はライバルの出現である．安価なジェネリック（後発品）メーカーが一斉参入することにより，売上の大幅な減少によって利益が減るだけでなく，場合によっては膨大にかかった開発コストを回収しきれない場合も出てくる．新薬の開発経費は2006年の平均でおおよそ8億US＄程度，うち臨床試験には2.6億US＄が費やされているのだから，とにかく回収しなければ始まらないのだ．それゆえ，同じ医薬品に新たな効能や適用

などを追加することで特許権を追加取得したり，製剤や剤型を見直したりと，延命措置（？）を行うことでジェネリックの進出に対抗するのである．参考までに，ジェネリック医薬品の開発費はせいぜい数千万円だから，売価は当然安くなる．仮に効果・効用がまったく同一であれば，利用者としては当然ジェネリックのほうがよいということになり（日本は欧米ほどではないが），高い既存薬が敬遠されるのは仕方がない話である．しかも市販後調査においてとんでもない副作用が発見されたり，もしくは効果がみえなかったりすれば即刻回収である．加えて，臨床試験に至った医薬品の1/10程度，医薬品候補の新規化合物からみれば1/10,000程度しか市場に出ることしかできないのだから，残りの9,999の研究開発費をも回収しなければならないという，非常にシビアな事情があるのだ．製薬企業の統計解析部門やCRO(contract research organization：臨床開発支援機関)の解析担当の皆様が多忙であるというのは，実はこういった事情があったりもする．開発が1日遅れれば数億円，ブロックバスター（大ヒット医薬品）であればそれこそ数十億円の損失になるため，新薬を心待ちにしている患者のため（あえていうことにしよう）にも，1日でも早い市場投入をしなければならないのだ．それこそデータはナマモノ（生物）であり，1日も早く処理しなさいという理屈である．

　しかしながら，データを素早く処理しなければならないのは必ずしも医薬品ばかりではないだろう．たとえば視聴率データを解析するのに1か月も掛けていたのでは，そのデータは「時代遅れ」なものになってしまうだろうし，世論調査データもまた然りである．速報性が命のこれらデータは，ほぼ単純集計するだけなのでそれほど問題にはならないが，マーケティングなど解析を伴うデータであれば，単純集計しただけでは許されない．早急に解析して手を打たなければ，それこそ「時代遅れ」な戦略をとってしまいかねない．ナマモノであるのは，必ずしも生物のデータだけではない…かもしれない．ただ，医薬品データが最も目にみえやすい「ナマモノ」であることだけは間違いないと思うが…？

毎回異なる反応？

　また，生物統計学の大きな特徴は，「生き物のデータ」を取り扱うことである．ンなもん当たり前だろう…というツッコミもあるかもしれないが，実はこれは結構大切なことだったりするのである．たとえば皆様がお酒を飲んだときに，同じ分量で調子よく感じることもあれば，二日酔いでどうにもならないこともあるだろう．同じ年齢，性別，BMI，生活習慣の他人には非常によく効く薬でも，自分にはまったく効果がないなどということもザラにあるだろう．生きているもの（生体）が相手であるということは，すなわち得られる反応（＝生体反応）が毎回同一であるとはかぎらないということである．たとえば人間ならば，30億の遺伝子に生活環境の違い，その他説明できない要因などなど，とかく変動要因は未知のものを含めて非常に多い．どれほど似たような者同士を比較しても，それでもまだ異なった反応を示すのはそれらの要素が複雑に絡み合っているからである．このような不確定要素だらけの生き物のデータを解析して，しかもそのなかから一般的な傾向を見出すためには，興味のある項目以外の既知の項目について，できるかぎり同一の集団同士でこの生体反応を比較するしかないのだ（→ p.130）．

Break 9　開発期間の短縮

　統計解析部門の皆様が急がされるのは，ほかならぬ最後の開発工程だからである．それ以前にモニターによるCRF（case report form：症例報告書類）回収の日数を削減するための，EDC（electrical data capturing：電子的臨床検査情報収集システム）の導入など，ほかの工程を短縮することのほうが効果的な場合もある．EDCの導入にはコストを要するが，統計解析結果の早急な提示にはコストを要しない．解析担当者の努力に負うところが多いゆえの現象であると思われる．しかし，製薬企業やCROなどの努力以上に，医薬品医療機器総合機構による審査をスピードアップしてくれることのほうが早急ではないだろうか？　もしも申請後，ン年間待たされた場合は，待たされた分だけさらに特許期間を延長するなどの措置はないのか？

第5章　医学研究のデザインとは？

2 バイアスだらけ？
世の中ウソだらけ？

　バイアス（bias）とは「偏り，偏向，偏見，先入観」と訳される．ここでいうところのバイアスとは…実はすべての意味がある．順次説明するが，まずはそれらを理解するための予備知識からいこう．

❖ 統計学の歴史 〜記述から推測へ〜

　統計学の始まりは諸説色々とあるが，もともとは17世紀頃にヨーロッパで発祥したとする説が有力である．いわゆる近代化や，重商主義政策による世界各地への進出（侵略？）に伴い，国家の規模が大きくなり始めた時代である．ところが領地が大きくなってくると，かつて将軍様（？）やその家来たちが馬で1日駆け回ってみれば知ることができた国勢も，実はその頃には簡単に調べることもできなくなってしまっていた．各国においても，人口，農作物の出来，兵隊数，税金，戦車や軍艦の数…などなどをすべて調べるためには，かつてよりも多くの時間と労力が必要になったため，この頃から，現在の「国勢調査」に近い制度が出来上がったといわれている．統計よりもむしろ「集計」に近く，対象となるものをすべて調査して論ずるという，「記述統計学」の始まりであった．まあ難しく考えなくとも，とにかく昔は取り扱える数字の規模が「すべてを数え上げることができるほど」小さかったと理解してほしい．

　ところが，当時の国勢調査には時間と手間がかかり，たとえば明日にも戦争が始まるというような事態には対応が困難であった．そこで，みえている部分から全体を把握しようとする「推測統計学」の考え方も出始めてきた．ところが，実際に確率に基づいた推測統計学が展開されるまでには結構な年数を要するのであった．確率自体は記述統計学の始まり以前から，サイコロ博打などのギャンブルを研究するためのツールとして用いられていたが，学問として「確率論」の体系化が始まったのは実はこの頃である．当初はパスカルやフェル

マーによって導入されたが，18世紀以降になるとベルヌーイやラプラスなどが現れ，確率論を背景とした「推測統計学」が出始めた．しかしながら当時はまだ旧来の記述統計学が主流であり，その流れは20世紀初頭にギネス社の技術者，かの William Gosset が t 検定（→ p.90）を提唱するまで続いたのであった．歴史的にも，統計学は大きく──

「記述統計学：調査対象のすべてを要約して記述する方法」
「推測統計学：全体から標本を抽出して，標本の性質から全体（＝母集団）の性質を推定する方法」

──の2つに分類される．生物統計学の分野で「記述統計学」に該当するのは，病院調査や人口動態統計，合計特殊出生率などのいくつかの調査が該当するが，ほとんどが「推測統計学」である．医学，生物学，薬学などで大量のデータを収集できることなどは皆無であり，多くの研究が数十〜数百症例程度で執り行われている．分野によってはそれしか集まらないという事情もあるが，臨床試験では「科学的批判に耐えられるだけの必要最低限」の症例数で行うことが原則である（→ p.142）．

❖ 全体（母集団）と標本（サンプル）

医学，生物にかぎらず，おそらく現在の統計学の大半を占めるであろう推測統計学とは，どうやら「みえている一部から全体を把握する」ことを目的としているらしい──

「そんなことをいわずにすべてを調べればいいじゃないか！」

──と考える方も，もしかしたらいらっしゃるかもしれないし，確かにそれに越したことはないだろうとも思う．ところが，世の中の事象はすべてを調査することは不可能，もしくは非現実的である場合が圧倒的に多いのである．たとえばビデオリサーチ社は，関東地区600世帯，関西地区400世帯など実際の人口比率に基づき，対象となる世帯に機器を設置して視聴率調査を行っているが，コレを全数調査にするとしたら？──

❶ テレビのある全世帯に対し機器を設置する→コストの問題で不可能！
❷ 機器がダメなら，時間がかかってもいいから聞き取り調査で→聞き取りにもコストはかかる．機器よりも時間を要するし，時間が経過すれば視聴者の記憶も曖昧になってしまうし，そもそも視聴率データそのものに価値がなくなる．不可能！

…と，全数調査は時間やコストの関係で不可能となる場合が大半である．国勢調査が5年に1度しか行われない理由が何となく理解できるだろう．

推測統計学においては，標本の抽出の仕方一つで毎回結果が異なり，完全一致することはまずあり得ない．標本はあくまで母集団の一部分であるということからも，100%確実な結論を求めることは不可能である(異質な数学たる所以)．

図5-3の標本1〜標本3はそれぞれ抽出を行ったものであり，それぞれの標本における平均値などを算出しているものである．平均値が近くなることはあっても，取り出した標本がすべて完全一致することはまずあり得ないだろう．ここで，標本の症例数(＝サンプル数)が多ければ多いほど，標本の平均値は母集団の平均値に近くなる**(大数の法則)**ことを覚えておこう．

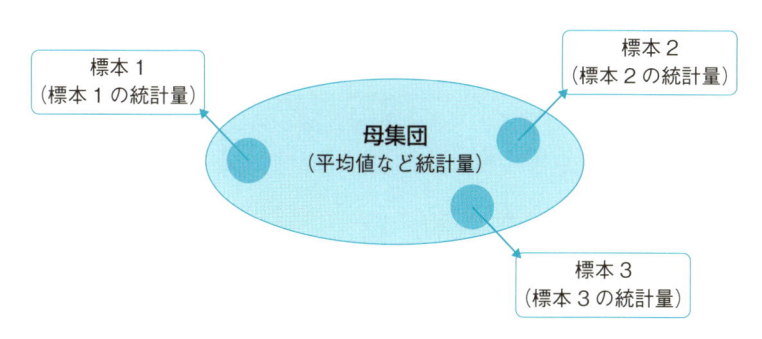

図5-3 **標本はあくまで母集団の一部**

❖ バイアスだらけ？

　推測統計学の基本は，母集団からサンプルを抽出して，確率論を用いて全体を推測するということはご理解いただけたと思う．ならば，サンプルの抽出とは一体どういうことなのだろう？　たとえば，次項はマスコミや調査会社が実際に，サンプルを抽出して公表したリアルな（？）結果なので，ぜひともご覧いただきたい．なお，❶〜❹の結果に関する感想や，皆様ならどのように感じるかを，少し立ち止まって考えていただきたい．なお，調査結果そのものはすべて間違っておらず，捏造などの不正も行われていない．

▌皆様のご感想やいかに？

❶ 本社の独自調査により，中学生の約50%がナイフを携帯している事実が判明した．T県U市の中学校における，生徒による教師刺殺事件でゆれる教育現場だが…実際にはどこの教室でも発生しかねない事件であることが浮き彫りにされた（1998年2月，A新聞見出し）

❷ 私たちS日本Fの会は4月21日サッカーくじの反対集会を開催，渋谷で道行く314名の人々と対話した結果，サッカーくじ反対が77%，賛成が22%となりました．このように国民世論としても，サッカーくじは認められていないのです！（1998年2月，国会討論より）

❸ 理系大学生の人気企業に関するアンケートで，男子学生はT薬品工業が10位に入っていたのみであるが，女子学生はT薬品工業が1位，3位にも別のT薬品，5〜8位まですべて製薬会社が占める結果となった（2003年，R社）

❹ ある経済研究所の調査の結果，パチンコ，スロットの客の60%はフリーター，ニートであるという（2007年，某経済研究所）

⬇

2 バイアスだらけ？

▶ **考えた結果…？**
① 中学生の半分がナイフとは，日本も終わりだと思う．怖い世の中だ！
② こんなに反対があっても導入するなんて，サッカーくじは害悪だ！
③ 製薬企業は女性が働きやすい職場だってことかな
④ やはりそうだと思った．パチンコやスロットなんて，働きもせずに親のスネをかじっている下劣なやつらの遊びだ！

さて，立ち止まってお考えいただけたであろうか？　「考えた結果」が，皆様と一致していたら，筆者としては実に「悲しい」かぎりである．すべての中学生，国民，女子学生，パチンコをする人に聞いたわけではないので，調査実施者としても100％確実な結論を示すことはできない．加えて，どのような調査に対しても100％確実な回答などは期待できないし，推測統計学の性質上それを求めてもならない．**だが，提示された数字や結果をそのまま鵜呑みにするのではなく，サンプルがどのように抽出されたのかということには常に興味をもっていただきたいと，ここは特に強く主張したい．**

▶ **①〜④の実際の調査方法**
① 調査は2月のとある平日の12:00〜14:00に，新宿，渋谷，北千住，亀戸駅前で座り込んでいた中学生に対し行われた
② 反対集会を開催しているところに立ち止まった314名に聞き取り調査を行った
③ 男女とも理系の学生1,000人ずつを対象として質問紙法で行った
④ 平日の午前10:00〜12:00に，パチンコ店に出入りしていた人々，もしくは並んでいる人々に聞き取り調査を行った

調査方法を確認のうえ，今一度前述の①〜④の結果について少しお考えいただきたい．

❶～❹の実際の調査方法を受けて再度考えた結果

❶ 平日の昼間に学校にも行かずに，繁華街の駅前に座り込んでいる中学生の回答を，一般的な中学生の回答にすり替えている．センセーショナルな見出し目当ての，明らかな確信犯的恣意的バイアスと予想される

❷ 反対運動に立ち止まるのは，明らかに反対している人々である．これも確信犯的恣意的バイアスと予想される（＝最初から結果を予想したアリバイ作り調査）

❸ 理系学部には女子学生が少ないので，一般の理系学部で男子と同じ1,000人を集めるのは困難である．女子学生比率が比較的高いと思われる，薬学部の学生の割合が高かったと予想される．恣意的ではないが，明らかな調査設計ミス

❹ 平日の昼間パチンコ店にいる人々は，通常の勤務体系ではないか無業者の割合が高いのは当然．確信犯的恣意的バイアスか調査設計ミスかは不明であるが，すべてのパチンコ，スロットの職業的背景を反映しているものではない

これらは，少々極端な事例として紹介したが，すべて公表された結果である．実際に，彼らなりに調査を行って結果を提示しているのだから，確かにウソや捏造などでないことは確かである．しかしながら，❶，❷のように明らかに研究者自身に都合のよい結果が出るように，サンプルを「選出」するような行為は，ある意味ウソや捏造に等しいだろう．いや，「数字が示しているのだから科学的である」などと，いかにももっともらしいことまでいっているのだから，むしろウソや捏造よりもよほどタチが悪いといえる．**数字で語っているから間違いない…このような言葉ほど，今一度見直してほしい次第である．**

標本から母集団を適切に推測できるようにするためには，標本が母集団を反映できるように，母集団を構成するそれぞれのサンプルが等しい確率で抽出される必要がある．

母集団から適当に抽出する方法を**単純無作為抽出法**という．母集団に適当な通し番号を付与して，乱数表や調査実施日の日付から適当な番号を抽出したり，くじ引きで抽出したりする方法である．前述❷の事例であれば，母集団はサッカーくじを購入できる人全員，❸であればすべての理系学部になる．❶

> **Break 10　実際にあった調査・研究の話**
>
> 　文中の「数字が示しているのだから間違いない」というのは，いわゆる確信犯的恣意的バイアスを仕掛けてくる人々の常套手段である．とにかく研究者自身にとって都合のよい内容になるようにサンプルを「選出」するわけだから，これで数字が示してくれないはずがない．極端にいってしまえば，東京ドームのライトスタンドで「好きな球団」に関するインタビューをした結果，「野球ファンは全員巨人ファンでした」というようなモノであろう．このような調査の特徴としては，結果と一緒に調査方法が記載されていないことが圧倒的に多いことである．それは…語ると都合が悪いから？
>
> 　筆者に対しよくある要求の一つに，適当に集めたようなデータを持ってきた挙句「このデータで何かをいってくれ！」という類のものがある．どうやら過去に回収した患者か何かのデータらしいのだが，やたらと調査項目が多いのが特徴である．年齢，性別などの基本情報はともかく，食生活，趣味…思想，信条…好きな歌手って何？
>
> 　彼らいわく――
> 　「みえないところに関連性をみつけることをデータマイニングっていうんだろう？　それをやってくれ！」
>
> 　――**「教訓：GIGO（Garbage in, garbage out！　ゴミはゴミを産む！）」**――
>
> 　もともとはコンピュータの用語で，プログラムにミスがなくとも，入れる値にミスがあれば，出力される値は何の役にも立たぬものであるという意味らしい．大阪商業大学長，谷岡一郎学長先生は，「ゴミのようなデータを解析しても，ゴミのような結果しか出てこない」という意味で用いている．『社会調査のウソ ～リサーチ・リテラシーのすすめ～』（谷岡一郎，文藝春秋，2000），『データはウソをつく ～科学的な社会調査の方法～』（谷岡一郎，筑摩書房，2007）など，名著がたくさんあるので，皆様もぜひご一読を．

の場合は単純無作為抽出法で問題ないが，❸の場合は女子学生全体から単純無作為抽出法を行った場合，再び薬学部の割合が高くなってしまいかねない．そこで，母集団を学部によりいくつかの集団に分割し，そこから単純無作為抽出法によって抽出を行う，**層化無作為抽出法**を用いる必要がある．ただし，層別の条件が1つならばともかく，それが2つ，3つ…と増加していくと，母集団がだんだんと絞られ，サイズが小さくなってしまう．実はコレ，研究デザインでは結構重要な約束事だったりするのだ！

❖ 誤差とバイアス

　以上，統計学といえばほぼ推測統計学であり，推測統計学であるかぎりは標本抽出が必ず発生する．そこには，否が応でもバイアスの入り込む危険性があるわけだが，やはり可能なかぎり除去したいと考えるのは当然である．恣意的なものは論外としても，たとえば測定する者の熟練度や気温，湿度，季節性などなど，真の値に対して必ずみられるであろう誤差**（系統誤差）**は，可能なかぎり除去を心掛ける必要がある．既知のバイアスについては，研究デザインの工夫により**ある程度**は除去することが可能である．

　だが，一方で測定ごとにばらついてしまう誤差**（偶然誤差）**および未知のバイアスに対してはどうするべきか？　コレに対してはランダム化（無作為化抽出）や繰り返し測定などにより，可能なかぎり妥当性が保たれるようにすることが必要である．研究の対象患者は，理想的には年齢・性別・地域などが散らばっていたほうが，結果は一般的な「ヒト」を対象としたものにより近くなるし，一回ポッキリの測定よりは，10回測定してその平均値を測定値としたほうが精度は上昇するであろう．

　ところが実際の臨床研究では，協力を得られる施設にはかぎりがあり，ランダム化による抽出はほぼ不可能である．研究への協力者は決して多いわけではなく，かぎられた施設のなかで，かぎられた患者のなかからランダム化というのであれば，対象の抽出そのものが困難になってしまう．よって，**臨床研究では局所管理が極めて重要**になってくる．わかりやすくいえば，患者背景

はできるかぎり揃えておくことである．

> **Fisherの3原則**
> ❶ 繰り返し・反復(repetition)：誤差の大きさの評価
> ❷ 局所管理(local control)：わかっているバイアスは除去しておき，系統誤差の入り込む余地をできるかぎり少なくする＝条件を揃えておく
> ❸ ランダム化(randomization)：バイアスを誤差に

第5章 医学研究のデザインとは？

3 研究デザインの重要性
行き当たりバッタリじゃないの？

　Break ⑩（→ p.129）にも紹介したが，適当なデータを収集しては「何とかしてくれ！」というような話が本当に多い．「色々な事柄について調査しました！」…って，そもそも担当した患者のデータをためているだけでは調査とはいわないのでは？　浜田知久馬先生が名著，『学会・論文発表のための統計学』（浜田知久馬，真興貿易医書出版部，1999）のなかで紹介されている英文——

　Too many people use statistics as a drunken man uses a lamppost, for support but not for illumination.

　——の意味を，そろそろマジメに考えるときではないだろうか？

❖ 行き当たりバッタリの事例も？

　前述の英文は統計学を皮肉ったものであり，「酔っ払いが街灯を照明としてではなく，寄りかかるために使うように，多くの人々が統計学をそのように使っている」ということである．どうやら，こちらの皮肉は本来の用い方をしていないという主張らしいのだが，これに関しては筆者も「激しく同意」である．統計学は研究結果の見通しをよくするために用いられるべきものであるにもかかわらず，いい加減なデザインによるいい加減な研究結果を支えられなくなり，最後に統計学に頼りに来るという現状を見事に語っている．実際に筆者のところにも，いきなり電子メールでデータを送りつけてきた挙句，以下のような言葉を発する人々も決して珍しくない——

3 研究デザインの重要性

「このデータから何かをいってくれ！」
「何とか p 値が 0.05 より小さくなるように解析してくれ！」
「有意になりそうなデータだけを使ってくれ！」
「有意になりそうなグループを探して，それで分けて解析してくれ！」
「有意になりそうな値で分けて解析してくれ！」
「有意差が出そうな検定方法を用いてくれ！」
「有意差が出ないのはお前のせいだ！」

――以上，決してネタでも冗談ではない．これらはすべて，筆者が過去に何発，いや何十発も浴びせられてきた言葉である．すべて命令口調で，あまりにもバカらしいので聞き入れないでいると，まずは電話，それでも納得しなければ，今度は部屋までやってくる．多くの先生方は電話，もしくは面談により納得してくれるのだが，なかには納得のいかない人々もいる．

「オレが 10 年掛けて集めたデータが使えないとは何事か！」

――って，基本的に長さは一切関係ない．10 年だろうが 100 年だろうが，とにかくダメなものはダメなのである．大半の研究者は面談の段階で納得していただけるのだが，なかには最後まで引き下がらずに「もういい！ ほかに頼む」と去っていく研究者もいる．2008 年の計算機統計学会でも発表したが，統計相談窓口における業務のうち，おおよそ半数は相談ではなく，統計処理の要求であった．また，相談の内容も――

「これから研究を開始したいのだが，統計処理はどのようにすればよいのか？」

――という類の研究前の相談は 20％程度であり，多くの相談が
「今あるデータをどのように解析すればいいのか」

――と，いうなれば事後相談なのである．データを集めてはみたけれども，結果を支えきれなくなった結果の統計処理と，まさしく冒頭の英文の指摘そのものだったりする．どうやら，開始前の研究デザインが適切ではなかったと納得していただける方々が多いのは確かだが，納得のいかない人々の多くは，本当に行き当たりバッタリで収集したデータから何かをいおうとしている

133

のである.

　学会発表や卒業研究の〆切に間に合わない…と緊急搬送はしてくるものの，すでに手遅れであるパターンとは，基本的にデータ以前の研究デザインに問題がある場合がほとんどである．医学雑誌で，統計処理が間違っていてreject（却下）ということはほとんど聞いたことがないが，デザインがおかしければほぼrejectになる．統計処理の間違いなどは，教えてもらって正しい方法で行えば済むだけの話であるから，むしろminor revision（微修正）になる場合が多いが，デザインの問題となると，少なくともmajor revision（大幅修正）は免れない．学会や卒業の〆切には…申し訳ございません！

❖ 研究デザインの重要性

　つまり，研究デザインが不適切（時になし）のまま実施された研究結果が持ち込まれるということが日常化しているのだが，研究者自身にしてみれば——
　「データがあるのだから，何かはいえるだろう」
　——と，実は最初から仮説もへったくれもない，とにかく何か出れば儲けモノという程度の意識しかない場合さえもある．さらにどこかで入れ知恵されてきたような言葉を振りかざしつつ——
　「データマイニングってのをやってくれ」
　——というような極端なものもある．確かに，仮説を必要としない研究もあると主張する方もいらっしゃるだろう．仮説そのものを探索するために，さまざまな項目を網羅的に収集して解析するという研究もあることはある．その場合にしても，少なくとも仮説になり得る項目を探索するという目的は存在するのである．デザインもへったくれもない研究に，それこそ網羅的もへったくれもない！　出てくれば儲けモノという程度であれば，「実は自身が何を知りたいのかさえも理解していない」ということになってしまうのだ．まったくデザインなど無視している研究（？）は論外としても，研究者が気をつけてデザインをしたつもりの研究でさえも，案外不適切なものが含まれていたりする．

　第1章でも述べたように，統計学の学習機会はただでさえ少ない．その学習

機会でさえも「基本統計量」「データの種類」「統計的推測」「○○検定」など，とにかくデータと統計処理の話を中心に構成されている．研究デザインの話はほんの少しか，場合によっては存在しない．統計学の参考書も同様の構成が多く，自ら学ぶ機会にも巡り合えないことが多いのだ．適切に収集されたデータに適切な解析方法，いずれかが欠けたとしても GIGO となってしまう．適切に収集されていなければ，残念ながらどのような解析をしたとしてもそれは GIGO となってしまうのだ．統計家の出番は最後だけ…なのだろうか？

ここに，2009 年 9 月にできたガイドラインがある．**GUIDELINES FOR STANDARD OPERATING PROCEDURES : for Good Statistical Practice in Clinical Research** なる名前であり，臨床研究における統計のあるべき姿について示されたものである．pdf ファイルでダウンロードが可能なので（http://www.psiweb.org/docs/gsop.pdf），皆様もぜひ一度はお目通しいただければと思う．これはダウンロードすると A4 で 40 枚にもなり，しかもすべて英文のため，全部読もうとすると非常に困難であるかもしれない．だが，目次だけでも研究の計画段階における統計の重要性が伝わってくると思われるので，それだけでも掲載する．また，有名な ICH による E9「臨床試験のための統計的原則」においても，以下のような記述がなされていることにもご注目いただきたいので，一部抜粋する．

▎ **計画段階から重要な「統計」**

GUIDELINES FOR STANDARD OPERATING PROCEDURES : for Good Statistical Practice in Clinical Research

❶ 臨床開発の計画
❷ 臨床研究のプロトコル
❸ 統計解析の計画
❹ 必要症例数の設定
❺ ランダム化と盲検化
❻ データベース

❼ 中間解析の計画
❽ 統計解析報告書
❾ 文書の保存
❿ データに関する総合的な概略
⓫ 品質の確保と管理
⓬ 研究スポンサーおよび CRO との折衝
⓭ 臨床研究における不正

ICH E9 「臨床試験のための統計的原則」より抜粋
承認申請に含まれる個々の臨床試験の計画と実施に関するすべての重要事項についての詳細および臨床試験において使用する統計解析の主要な特徴は，試験開始前に作成された治験実施計画書（プロトコル）に明記すべきである．…（中略）…治験実施計画書およびその作成後の改訂は，試験統計家を含む責任者全員から承認を受けるべきである．試験統計家は，治験実施計画書およびそのいかなる修正もが，すべての重要な統計的問題を，必要ならば専門用語を用いて，明確かつ正確に扱っていることを保証すべきである．

　これらをみていただければ，統計と研究とのかかわりは単に研究の最終段階における解析だけではないことをご理解いただけるだろう．臨床研究における統計の役割は p 値を出すことだけではない．そもそもの研究目的は何だろう？ 知りたいことは？ **仮設の探索 or 検証？** 何を用いて評価する？ そのために必要な情報は？ などなど，とにかく研究開始までに決定しなければならないことは多い！ では，順を追ってみていくことにしよう．

❖（1）まずは仮説と疑問

　そもそも知りたいことがなくては，研究そのものが成立しない．大量のデータをみていて何かに気づくようなことが皆無であるとはいわないが，それでも

その大量データの眺め方にも作法はある．もったいないから全部使おうというわけにはいかないのだ．

もう一つ，これはかなり重要なことであるが，**過去に類似の研究がなかったか確認する必要がある．**自身は，本当に新しく研究を行う必要があるのか？　自身では新発見であると思っていたことが，実はすでに語られていることではないのかというのは，極めて重要な話なのだ．先行研究の調査不足で，投稿してみたら「同じものがあります」という話は結構あるので，先行研究のリサーチは念入りにやってほしい．経験上，先行研究リサーチの過程で仮説がよりクリアになることが圧倒的に多かったので，ぜひとも行ってほしい．

❖ (2) 何で評価する？

自身の疑問が明確になったら，次にそれを知るための方法を考えよう．もしもダイエット食品の効果を検証したいのであれば，食品摂取前と摂取後の体重の変化量を確認しなければならない．同様に，もしも降圧剤の効果であれば，投与前後の血圧の変化を確認しなければならないだろう．このように評価に用いる項目のことを**「評価項目（endpoint）」**と呼び，前述の体重や血圧など，特にその研究において検証したい仮説を知るための項目を**「主要評価項目（primary-endpoint）」**と呼ぶ．また，仮説検証型の研究において，新たな仮説を掘り起こすためなどの目的で，副次的に設置する評価項目を**「副次評価項目（secondary-endpoint）」**と呼ぶ．当然，これが決まらなければ研究はスタートせず，試験のサイズや期間も決めることができない．

❖ (3) どんな研究にする？

評価項目も決定したところで，今度は研究の方法を決めなければならない．仮説の**探索か検証か**，時間に依存する内容なのか，それとも単に現時点のことを知りたいのか…いずれにしても，何を知りたいかによって研究方法も変わってくるのである．たとえば，焦げた魚を食べると癌になりやすいという仮

説があった場合に，それを検証するためには何通りかの研究方法が考えられるだろう．

> **同じ仮説でも…研究デザインはまちまちである**
> ❶ 昨年1年分の集積されている症例データについて，癌を発症している群としていない群に分けて，両群の魚の摂取状況について調査する
> ❷ ❶の両群について過去5年分まで遡って同様の調査を行う
> ❸ ❶の両群について今から5年間の観察調査を行い，5年以内の癌発症状況をみる
> ❹ ❶の両群について，片方の群には今から5年間1日1匹以上の焦げた魚を食べさせ，もう一方の群にはまったく魚を与えないようにして，5年以内の癌の発症状況について調査する

前述の❶〜❸に関しては，被験者のありのままの姿を眺めるだけであり，研究者による介入はまったくなされていない．前述のうち❶〜❸のように，研究者による介入が存在しないものを**観察研究(observational study)**と呼ぶ．

次に，時間的要素をどのように扱うのか？　前述の❶のように，一時点における集団から標本を収集して調査を行うことを，**横断的調査(cross-sectional survey)**と呼び，一時点に関する構造を輪切りにしてみていることからこのように呼ばれている．時間的な要素を伴わず，たとえば社会調査や国勢調査などの調査はこれに該当する．調査が簡単に行えるという長所があるが，時間を伴った判断には弱いため，**因果関係などを示す類の研究には向かない**デザインである．これに対し，各群を構成する症例の加齢あるいは発育過程に沿って，各時点のデータを調査するのは**縦断的調査(longitudinal survey)**である．横断的調査に比べ，良質なデータが得られるが，費用や時間がかかる．前述の❷のように現在，もしくはある時点から遡って収集することも不可能ではないが，通常は前述の❸のような形を取ることが多い．

前述の❸，❹のように，現在から将来に向けて経時的に調査対象のデータを

収集して研究を進める方法を前向き調査(prospective study)と呼ぶ．原因と考えられる因子(この事例だと焦げた魚を食べるか否か)の有無によって区別した2つの集団を長期間追跡し，因子の有無とある結果(この事例だと癌の発症)を生じる危険性が大きいか否か観測する．コホート調査(cohort study)，追跡調査(follow-up study)とも呼ばれる．

一方，前述❷のように，集団をある結果(癌発症)の生じた群と生じなかった群に分け，過去に遡って原因と思われる因子(焦げた魚を食べるか否か)の有無を調査する方法は，後ろ向き調査(retrospective study)と呼ばれる．たとえば，患者(case)群に対して健常者の対照(control)群を設定して，過去に関心の対象となる因子が存在したかどうかの記録の調査を行い，疾患と因子の関連を検討するケースコントロール研究(case-control study)は代表的なものである．

さて，前述❶〜❹のなかで，皆様が異質と思われるのはどの研究であろうか？　よくみると，❹だけは「焦げた魚を食べさせる／食べさせないようにする」といった，いうなれば研究者の意思や都合が反映されている．つまり，研究者は被験者の生活を観察するだけではなく，介入により生活様式に影響を与えているということである．このように，研究者による被験者への介入が存在するものを介入研究(experimental study)と呼ぶ．介入研究の特徴としては，観察研究と比較して，圧倒的に研究者の意図した方向に合致したデー

> **Break 11　コホート(cohort)とは？**
>
> 　古代ローマの軍隊は100人単位で構成され，たとえ戦いで死亡しても一切の補充をせず，隊員数にかかわらず当初の構成のまま存続させた．前向き調査も研究からの離脱や行方不明の患者が出たとしても一切の補充は行わないため，ある意味古代ローマの軍隊とまったく共通であろう．前向き調査をこのように呼ぶのは，最初に100人で出発した古代ローマの軍隊をコホートと呼んだことに起因する．

タを収集しやすいことがある．それゆえ，介入研究は研究者自身の**仮説を検証**するための研究デザインであり，エビデンスとしては非常に強いデザインとして知られている．新薬開発のための臨床試験などはこのデザインであり，キッチリと局所管理がなされている．しかしながら，発癌性の有無を確認することを目的として，被験者に毎日焦げた魚を食べさせるという行為は許されない．倫理的に許されない研究は，**治験審査委員会(IRB)により実施が認められない**のはいうまでもないが，そもそもIRBに提出する以前に研究者自身が気づかなければならない(図5-4)．

参考までに，最も強いデザインは**「二重盲検(DB：double blind)ランダム化比較対象試験(RCT：randomized clinical trial)」**であり，新薬開発のための臨床試験の第3相試験などはほぼコレである．このデザインは，研究者および被験者の両者とも，誰に対しどの薬が割りつけられているかわからないようになっている．研究者にとって都合のよい結果になりそうな被験者のみを選択したり，被験者にとっても「薬を飲んだ」ことによる心理的効果（プラセボ効果）を排除したりすることが可能になる仕組みである．

> **Break 12　エビデンスの強さとは？**
>
> エビデンス(evidence)とは「証拠」のことであり，一昔前に流行った「EBM：evidence based medicine(科学的根拠に基づいた医療)のEである．一昔前までは，医師個人の勘や経験に基づいた医療がなされ，それらを問題であるとする風潮から「EBM」がいわれ始めたという説がある．
>
> 本来は「科学的根拠としての説得力が高い」ということが，エビデンスが高いということで用いられているのであるが，日常的にはその研究が「インパクトファクターの高そうな名のあるジャーナルに通過しそうである」という意味で用いられることも多い模様．

3 研究デザインの重要性

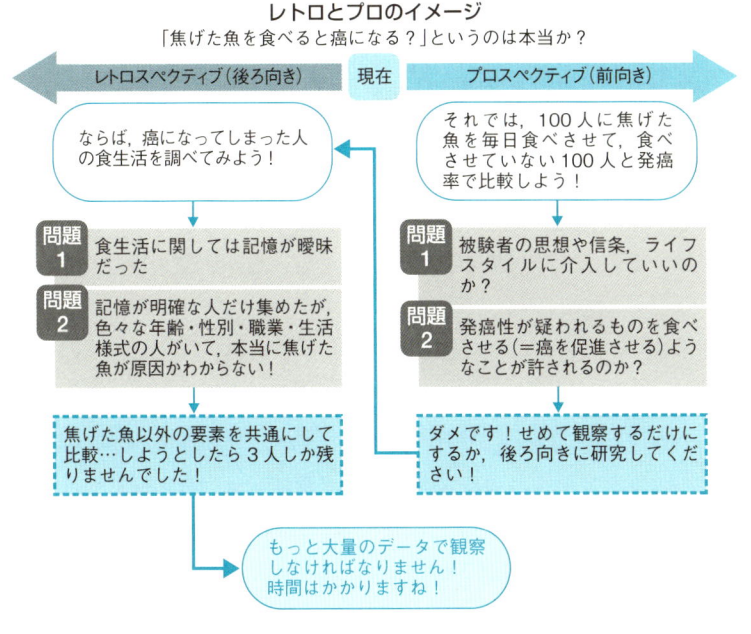

レトロとプロのイメージ
「焦げた魚を食べると癌になる？」というのは本当か？

← レトロスペクティブ（後ろ向き）　現在　プロスペクティブ（前向き）→

- ならば，癌になってしまった人の食生活を調べてみよう！
  - 問題1：食生活に関しては記憶が曖昧だった
  - 問題2：記憶が明確な人だけ集めたが，色々な年齢・性別・職業・生活様式の人がいて，本当に焦げた魚が原因かわからない！
  - 焦げた魚以外の要素を共通にして比較…しようとしたら3人しか残りませんでした！

- それでは，100人に焦げた魚を毎日食べさせて，食べさせていない100人と発癌率で比較しよう！
  - 問題1：被験者の思想や信条，ライフスタイルに介入していいのか？
  - 問題2：発癌性が疑われるものを食べさせる（＝癌を促進させる）ようなことが許されるのか？
  - ダメです！せめて観察するだけにするか，後ろ向きに研究してください！

もっと大量のデータで観察しなければなりません！時間はかかりますね！

図5-4　研究は実現可能性も考えよう！

❖(4) 試験のサイズや期間はどうする？

　評価項目やデザインの大枠が決定したら，次は試験のサイズについて考えよう．サイズとはほかならぬ，どれだけの患者を集めてどのぐらいの期間を観察するのかということ，つまり，臨床試験の規模を決定しようということである．
　「試験の規模って，大きければ大きいほどいいんじゃないの？　サンプルだって少ないよりは多いほうがいいんでしょ？」
　「集まった患者のすべてのデータを使いました」
　——って，まあ，たとえば遺伝子情報と臨床症状全般の関連を調べるような探索的解析であれば，現実に大規模コホート研究のようなものもあり，確かに多ければ多いほどいいものもある．だが，**通常の臨床研究や臨床試験は**

141

多ければいいってものではない．そもそも臨床試験は——

❶ かぎられた予算・期間内で実施しなければならない．長期間・大規模になればなるほどコストが増加するし，試験期間も長くなる．もしも新薬の開発であれば，それだけ特許期間が食い潰されてしまうので，臨床試験は可能なかぎり早期に終了するに越したことはない

❷ そもそも未知の治療方法や医薬品，医療機器にはどんな危険があるかわからないのに，それを大勢の人々に対し治療を行ったり，投与したりするのは危険である

——と，まずはこのような事情がある．症例数の事前設定には，❶，❷のような経済的・倫理的事情もあるのだが，実は研究結果の保証といった意味合いも多分に含んでいる．サンプル数が少なすぎれば，真実は本当に反応を示している（俗にいう「差がある」）場合でも，それを検出することができなくなってしまう．**本当は素晴らしい結果だったにもかかわらず，症例数の設計をしていなかったがために説得力に欠けてしまった，素晴らしい医学雑誌に載りそこなった**ということにならないためにも，結構マジメに考えなければならない部分である．

❖ 効き目に自信アリ？

重要性はわかったから，ならば症例数の設計には何が必要なのか？　ということで，具体的にどのような手順で決定するのかを考えてみよう．最初に断っておくが，具体的に「○○症例以上が必要」というような基準や，おおよそ○例程度」というような慣例は存在しない．

まずは，事前に設定した主要評価項目が何であったか，今一度確認してほしい．割合なのか，連続量なのか，生存時間なのか？　いずれにせよ，「評価項目のデータの種類」によって症例数を算出する公式は異なる．

次に検出力（power）である．コレの説明のためには，実はもう少し統計的推測に関する知識が必要なのだが，症例数の設計はやはり「研究のデザイン」の項目で語るべきであるという筆者のこだわりもあるので，ご了承いただきたい．

一言でいえば，**本当は素晴らしい結果だったはずの研究を見逃さない**確率のことであり，通常は 0.80 程度に設定する．**一部の研究では 0.90 に設定する場合もあり，その場合の必要症例数は 0.80 の場合よりもたくさん必要になる．**

　最後に，研究結果の見積もりである．たとえば反応率の差であれば，「被験薬が何％に対し，プラセボが何％になると見込めるのか」，ダイエット食品であれば，「何 kg 程度体重の減少が認められるのか」，生存率であれば「5 年後に何％程度の差が見込めるのか」ということである．そんなのは**やってみなければわからない，**というご意見もあるかもしれないが，それでも何らかの見積もりをしなければならない．よく見受けられるパターンは，昔行われた類似の研究結果を参照して——

　「○○の研究における反応率は×％だったので，今回の新薬はそれよりも△％程度の改善が見込まれる．よって，新薬の反応率を○％，プラセボの反応率を△％と見積もると，各群○○症例ずつが必要となる」

　——などと理由を書いておけば間違いない．そのためにも，**類似の先行研究を念入りにリサーチしておく必要がある**ことを，改めて強調しておきたい．すでに行われていないかを心配するだけでなく，症例数設計のための根拠を示さなければならないのも，実は大きな理由なのである．

(1) χ^2 検定の場合

「効いた」「効かない」,「反応あり」「反応なし」といった 2 値データで, χ^2 検定を用いて評価する場合には, 以下の式で算出される.

$$n = \frac{\left\{Z_\alpha \sqrt{2\overline{P}(1-\overline{P})} + Z_\beta \sqrt{P_1(1-P_1) + P_2(1-P_2)}\right\}^2}{(P_1 - P_2)^2} \quad \left[\overline{P} = \frac{P_1 + P_2}{2}\right]$$

(n：必要サンプル数, P_1：被験薬群の反応率, P_2：対照群の反応率, Z_α：有意水準から算出する値[通常 5% で 1.96], Z_β：検出力から算出する値[通常 80% で 0.84])

(2) t 検定の場合

何 kg の増減, 何 mmHg の増減など, 評価項目が連続量である場合で, t 検定を用いて評価する場合は以下の式で算出される.

$$n = \frac{2\left\{Z_{\alpha/2} + Z_\beta\right\}^2 sd^2}{\Delta^2}$$

(n：必要サンプル数, sd：研究で見込まれる個体間のバラツキの大きさ, Δ：研究で見込まれる差, $Z_{\alpha/2}$：有意水準から算出する値[通常両側検定 5% で 1.96], Z_β：検出力から算出する値[通常 80% で 0.84])

(参考) 生存時間解析の場合

治療の種類や医薬品による, y 年後の生存確率の差を log-rank 検定により求める場合には, 以下の式で算出される.

$$h_1 = \frac{-\log(P_1)}{y}, \quad h_2 = \frac{-\log(P_2)}{y}, \quad h_r = \frac{h_2}{h_1}$$

$$d = \frac{(Z_\alpha + Z_\beta)^2 (h_r + 1)^2}{2(h_r - 1)^2}, \quad N = \frac{2d}{2 - P_1 - P_2}$$

(n：必要サンプル数，P_1：被験薬群の生存率，P_2：対照群の生存率，h_1：被験薬群のハザード関数，h_2：対照薬群のハザード関数，hr：ハザード比，y：観察年数，Z_α：有意水準から算出する値[通常5％で1.96]，Z_β：検出力から算出する値[80％で0.84，90％で1.28]，d：1群当たりに必要なイベント数[この場合は死亡数]）

以上，代表的な症例数の設計公式を掲載させていただいた．反応率や評価項目，生存時間解析のいずれにしても，**比較する群間の差が大きければ大きいほど，必要症例数は少なくて済むのである．**たとえば新薬の反応率が70％，プラセボが同60％と見込まれる場合には各群356症例ずつが必要になるが，同様に新薬が80％，プラセボが60％の場合には各群82症例ずつでよい．早い話が，**「多少の効き目の差よりは，大幅な効き目の差が見込めるほうがよい」**ということであり，反応の差が10％よりは20％あってくれたほうが，臨床試験のサイズは小さくなるということである．効き目に自信があればそれだけ症例数も必要とせず，コストも掛からず，それだけ早く売り出せて特許期間も食い潰さない…まさしくいいことずくめではないか！　ならば自信をもって…しかし，残念ながら簡単にはいかない！　その自信の根拠を提示しなければ「根拠がない」ということで，臨床試験の実施前にIRBや医薬品機構から却下されてしまうだろう．プラス，**自信をもって少な目の症例数で臨床試験を開始したにもかかわらず，検出力不足で統計的に有意にならなかった**（本当に検出力不足かどうかは誰にもわからないが）…などという場合のほうが，よほど損害が大きくなってしまう．まあ，無理なく過去の研究を参考にして，妥当なセンで実施することをおすすめしたい．

逆に，「効き目に自信がありません」と，反応率の差をわずかであると見積もった場合には，当然のことながら必要症例数は増加する．しかし，**その程度の差しか見込めないような新薬を開発する必要性がどこにあるのか**という疑問が出てくることはいうまでもない．

最後に，前述(2)のt検定を用いる場合の症例数設計の公式にご注目いただきたい．分母は研究において見積もられる差なので，これは大きければ大きい

ほど，一方，バラツキは分子なので，こちらは小さければ小さいほど症例数は少なくて済む．要は，バラツキが小さくて見込まれる差が大きいことが症例数を小さくするのだが，**見込まれる差については，少なくとも医学的に意味のある程度でなくてはならない．**結論として——

「1か月で1kg痩せたから，このダイエット食品には効果があるといえる」

——などということが許されるかどうかを考えなければならないのである．4章でも少し解説したが（→ p.94），t 検定の検定統計量は——

$$T = \frac{\overline{X_A} - \overline{X_B}}{S\sqrt{\dfrac{1}{n_A} + \dfrac{1}{n_B}}}$$

X_A：A群の平均値
X_B：B群の平均値
S：A群およびB群の標準偏差（分散は等しい）
n_A：A群の例数
n_B：B群の例数
（両群の分散が等しいので，ここでは $S_A = S_B$）

——により示される．ここで n_A，n_B にご注目いただきたいが，n の値が大きければ大きいほど，検定統計量 T の値は大きくなってしまうのである（$X_A > X_B$ のとき）．早い話が，**n が大きくなればなるほど検定統計量 T の値は，$X_A - X_B$ の値に関係なくどんどん大きくなる，すなわち，p 値はどんどん小さくなる（有意になる）ということである．**それこそ，1か月で1kg痩せた程度のダイエット食品でも，症例数さえ増やし続ければ有意差を導くことはできるのである．もちろん，そのような結果が受け入れられることはないが…．

▶▶▶ **パラダイムシフト ❹** ▶▶▶

・腐った材料を用いていれば，どんな素晴らしいシェフの料理でも食中毒を起こす！

（大切なのは検定の知識よりもデータの質であり，デザインである！）

おわりに

　思えば本書の企画が出始めたのは約2年前の出来事である．前著『統計を知らない人のためのSAS入門』(オーム社，2010)のもととなった連載，「サルにもわかるSAS講座」(新興医学出版社，月刊モダンフィジシャン，2006～2009)をみて，当時の担当さんが「書かせてみよう(？)」と思ったことが発端らしい．しかし，あまりにも長く待たせすぎたせいか，以前の担当さんは退職してしまい，筆者自身も所属先を2度変わっている．まあいずれにしても――
　「大橋は何を言い出すかわからないから，本当に出来上がるまで不安だった！」
　――なんて思っておられた皆様にも，ようやくご安心いただけるかもしれない．本当に，お待たせしました…という感じである．
　だが，筆者に求められたものはマジメな統計の(検定の？)書籍ではないだろう．そのような意味では，なかなか面白いものが書けた…(カモシレナイ)と自負している．もしもマジメなものをお望みであれば筆者ではなく，適任者はいくらでもいただろう．それこそ「タダでもいいから書かせてください」…なんて奇特な人もいるかもしれない．
　そのような意味では，従来にはないタイプの医学・生物統計学の書籍が出来上がったのは間違いのないところである．もしも「一気読み」いただけたのであれば，次回こそは今回掲載できなかった生存時間解析なども，ぜひとも掲載してみたい．
　筆者に求められているのは立派な統計学の理論構築ではないだろう．もちろん，そのような機会があればぜひともやってみたいのだが，それ以上に，**多くの皆様に統計学の楽しさを伝導することこそが求められているような気がしてならない**．もしも皆様から，「それは間違っている！」というようなご意見が多ければ，そのときは筆者にもパラダイムシフトが要求されるときである．
　最後に，私のような者に執筆を依頼するという勇気ある行動(？)を取ってく

れた中山書店の皆様，大好きなキャラで表紙を描いてくれた須賀原洋行先生，キャラクターの使用を許可してくださいました，テレビ大阪企画宣伝部の西村聡様，作者のサカモトタカフミ先生，相変わらず私の精神安定に貢献してくれた強妻（？）H…すべての皆様に最大限の感謝の意を表します！

2012年　先行きが不安なまま新年を迎えた筆者

参考文献

- 学会・論文発表のための統計学 統計パッケージを誤用しないために．浜田知久馬，真興交易医書出版部，1999．
- 初等統計学．P.G ホーエル，培風館，1963．
- グラフはこう読む！ 悪魔の技法．牧野武文，三修社，2005．
- 高学歴ワーキングプア 「フリーター生産工場」としての大学院．水月昭道，光文社，2007．
- 「社会調査」のウソ リサーチ・リテラシーのすすめ．谷岡一郎，文藝春秋，2000．
- データはウソをつく 科学的な社会調査の方法．谷岡一郎，筑摩書房，2007．
- 医薬研究者のための評価スケールの使い方と統計処理．奥田千恵子，金芳堂，2007．
- バイオサイエンスの統計学 正しく活用するための実践理論．市原清志，南江堂，1990．
- 実用 SAS 生物統計ハンドブック．臨床評価研究会(ACE)基礎解析分科会，サイエンティスト社，2005．
- 新版 医学への統計学．丹後俊郎，朝倉書店，1993．
- 臨床研究デザイン 医学研究における統計入門．折笠秀樹，真興交易医書出版部，1995．
- 統計学のセンス デザインする視点・データを見る目．丹後俊郎，朝倉書店，1998．
- 統計的多重比較法の基礎．永田靖，吉田道弘，サイエンティスト社，1997．
- ハーバード大学講義テキスト 生物統計学入門．竹内正弘，丸善出版，2003．
- Cox 比例ハザードモデル．中村剛，朝倉書店，2001．
- すぐ読める生存時間解析．高橋信，東京図書，2007．
- R による保健医療データの統計解析演習．中澤港，ピアソン・エデュケーション，2007．
- 家計の金融資産に関する世論調査．金融広報中央委員会，2005．
- 臨床研究人材教育コンソーシアム HP． https://www.j-nectar.net/index.php
- Byar D. et al. Randomized Clinical Trials, NEJM 1976；295：74-80．

- Glenn A. Walker. Common Statistical Methods for Clinical Research with SAS examples, SAS Press 2002.
- Pagano Gauvreaw. Principles of Biostatistics , Dubury 1996.
- Bernard Rosner. Fundamentals of Biostatistics, Dubury 1995.
- The little SAS Book 4th edition, SAS Press 2008.
- 統計を知らない人のためのSAS入門.大橋渉,オーム社,2010.
- SAS四方山話.大橋渉,SAS Technical News, 2007 fall ～.
- 医学研究の斬り方.大橋渉,株式会社情報機構HPコラム. http://www.johokiko.co.jp/column/column_wataru_oohashi_2.php
- Wataru Ohashi. Position of probability and statistics in high school mathematics curriculum.(The 13th Ozzawa International Conference on Clinical Competence, Proceeding；278)
- Wataru Ohashi. Benefits of Pharmacogenomics in Drug Development—Earlier Launch of Drugs and Less Adverse Events. Journal of medical System 2010；Aug；34(4).
- Wataru Ohashi. Economic advantage of pharmacogenomics-clinical trials with genetic information. Stud Health Technol Inform 2008；136：585-90.

マイナスから始める
医学・生物統計

2012年5月25日　初版第1刷発行 ©　　　　〔検印省略〕

著者　──　大橋　渉

発行者　──　平田　直

発行所　──　株式会社 中山書店
　　　　　〒113-8666　東京都文京区白山1-25-14
　　　　　TEL 03-3813-1100(代表)　振替 00130-5-196565
　　　　　http://www.nakayamashoten.co.jp/

本文デザイン ── ビーコム

装丁 ── ビーコム

カバーイラスト ── 須賀原洋行

印刷・製本 ── 三報社印刷株式会社

Published by Nakayama Shoten Co., Ltd.　　　Printed in Japan
ISBN　978-4-521-73479-8
落丁・乱丁の場合はお取り替え致します

本書の複製権・上映権・譲渡権・公衆送信権(送信可能化権を含む)
は株式会社中山書店が保有します.

JCOPY 〈(社)出版者著作権管理機構 委託出版物〉
本書の無断複写は著作権法上での例外を除き禁じられています.
複写される場合は，そのつど事前に，(社)出版者著作権管理機構
(電話 03-3513-6969, FAX 03-3513-6979, info@jcopy.or.jp)の許諾を
得てください.

本書をスキャン・デジタルデータ化するなどの複製を無許諾で行う行為は，著
作権法上での限られた例外（「私的使用のための複製」など）を除き著作権
法違反となります．なお，大学・病院・企業などにおいて，内部的に業務上使用
する目的で上記の行為を行うことは，私的使用には該当せず違法です．また私
的使用のためであっても，代行業者等の第三者に依頼して使用する本人以外の
者が上記の行為を行うことは違法です．

中山書店の刊行物すべての最新情報はこちらで！
中山書店ホームページのご案内
http://www.nakayamashoten.co.jp/

- キーワード入力により，簡単に瞬時に目的の書籍を探し出します．
- 弊社の書籍を領域別に分類しています．
- 小社刊行物を取り扱っている全国書店のリストをご覧になれます．
- DVD付書籍のサンプル動画を掲載しています．
- 書誌情報は，体裁や価格のみならず，表紙写真，目次，内容紹介，序文，サンプルページ，弊社の関連書籍，サンプル動画など，掲載が充実しています．
- ご希望の書籍がございましたら，そのままオンラインで書籍購入が可能です．

ご利用をお待ちしております!!

中山書店　〒113-8666 東京都文京区白山1-25-14　TEL 03-3813-1100　FAX 03-3816-1015
http://www.nakayamashoten.co.jp/